你是独一无二的，

也是珍贵无比的，

这本书献给 _____，

愿它呵护你的健康和安全！

《儿童安全童话》

献给我们最珍贵的宝贝，愿它呵护你的安全和健康

让儿童安全教育成为一种习惯

记忆中的小脚丫，肉嘟嘟的小嘴巴，一生把爱交给他，只为那一声爸妈。

我该用什么呵护你？我最亲爱的宝贝。

每个孩子都是家中最闪耀的星辰，我们关心他，爱护他，赞美他，包容他。我们不能容忍在他成长过程中的任何疏忽，尤其是健康和安全。

作为童书编辑，我们也时刻关注社会上关于孩子的各种问题。每当看到新闻当中出现儿童因为意外受到伤害的事情时，我们一边也像孩子的父母一样伤心不已，一边也更感受到我们肩负的责任。如果有足够的安全意识，很多危险原本是可以避免的。作为孩子的守护天使，父母虽然倾注了全部的爱，但终归不能时时刻刻陪在孩子身边。只有通过科学有效的方式引导孩子去认识危险、抵御危险、保护自己，才能为孩子的健康成长保驾护航，让他们安全、快乐地度过成长中的每一天。

倾情奉献

《儿童安全童话》伴你健康生活

孩子本就是天生的童话家，他们充满幻想，他们的心灵是童话的土壤。在这里，只要你播下童话的种子，它就会生根发芽，伴随孩子慢慢长大。

《儿童安全童话》系列丛书为孩子打开了一扇通往神奇世界的大门。在这里长鼻子匹诺曹带我们一同学习交通法规；闯祸大王黄万亲身传授校园事故的教训经验；勇敢的小安妮与小伙伴们展开一段绿野仙踪般的冒险……经典童话人物的穿越改写与妙趣横生的原创精编完美结合，让孩子在享受阅读乐趣时，掌握最实用有效的安全常识和应急方法。

通过阅读本系列丛书，让孩子与童话中的小伙伴们一起养成正确的行为习惯，在遇到问题和深陷困境时能够沉着而且机智地寻找正确方法，灵活应对，从而让自己的童年更加快乐无忧。

呵护儿童幸福

+ 儿童
安全童话

05 游玩安全

✚ 儿童安全童话

敏俊的游乐历险记

文字 李敬顺
插图 朴笑英
翻译 李贵顺

山东科学技术出版社

让孩子玩得开心又安全

记得小时候，放学回家就会丢下书包赶着牛上山喂草。牛在山坡上悠闲地吃草，我们几个孩子则在山上嘻嘻哈哈玩闹。总是玩到忘了时间，玩累了，才发现西边天空早已映满了晚霞。

看到现在的孩子东奔西走，奔波于学校和补习班之间，心里总感觉一丝苦涩和无奈。而孩子们自身似乎已经适应了这种生活模式，对这一切都不以为意。这更让我感到焦虑。

好在两点一线的忙碌生活中，孩子们偶尔会给自己找点空闲，和伙伴们一起玩。有时候闲暇的时间比较多时，就会跟伙伴们去溪谷抓小鱼，或者玩惊险刺激的射击游戏。

由于小朋友们的安全意识不够高，有时难免会发生大大小小的事故，很是令人担忧。比如 BB 弹玩具枪，它是危险系数很高的玩具，经常有小孩因为玩这种 BB 弹玩具枪伤到眼睛，被送到医院急诊室。

游乐园是城市里的孩子经常去玩的地方，不过也意味着这里难免不会发生各种安全事故。其实多数都是因为没有遵守安全规则，才会发生各种惨剧。

　　这本书里的小主人公敏俊是个活泼、机灵的男孩，他的理想是将来当个警察。我们可以沿着他的游玩路线，去看看身边有哪些安全隐患在威胁着儿童的安全。希望以此来增强大家的安全意识，使更多的孩子在玩的过程中，学会自我保护、预防事故。

　　希望这本书带给大家快乐，伴随你们茁壮、快乐地成长。

李敬顺

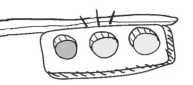

目　录 --------

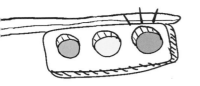

敏俊

立志将来当一名警察。是个聪明、凡事全力以赴的积极派，因为有些马大哈，常常闯祸。

小舒

敏俊的好朋友。每次和敏俊玩都满腹牢骚，但是一旦投入到游戏当中，就会比谁都积极。

小虎

敏俊的好朋友，有些胆小。十分羡慕敏俊的运动天赋和勇敢的个性，所以对于敏俊的要求，总是无条件服从。

敏俊的妈妈

认为对小学生来说，玩比学习更重要。不过因为敏俊过于贪玩，也难免对儿子担忧。

敏秀

敏俊的哥哥。喜欢安静地读书，懂事、诚实，被大家称为"正直的孩子"。

第一个故事

啊！蛇出没

"怎么还不来？"

敏俊不住地张望着胡同口，时而侧耳倾听，却一点动静也没有。

明明说好了，把书包放到家里，找个能装小鱼的瓶瓶罐罐就重新在这里碰头的。哎……

敏俊看了看游乐园的钟：1点20分。这样一来，可以玩的时间又少了20分钟。

"哎呀，这样磨蹭，一会儿连小鱼的影子也看不见了。"

敏俊不禁皱了皱眉头。

要知道，他为了今天可是等得非常辛苦的。

前天，同班的世豪炫耀他从小河里抓来的小鱼，敏俊从那天起就一直翘首期盼着星期三。因为这一天只上半天课，他就可以和小舒、小虎至少痛快地玩两个小时了。

小舒和小虎是敏俊的好朋友。

大家对于敏俊将来想要当警察的理想，都嗤之以鼻。"什么？就凭你这个闯祸大王，还当警察？"不过唯独小舒和小虎从来不取笑他。因为他们认为，对朋友就应该肝胆相照、仗义、信任。

敏俊刚要再看一眼钟表，突然听到嗒嗒的脚步声。循声一看，刚好看到小虎从胡同口跑出来。后面还颠儿颠儿地跟着小舒。

"喂，你们怎么这么慢吞吞的？"

敏俊等得太久了，忍不住发起火来。

"对不起，因为要准备一些吃的……打算等一会儿饿的时候咱们吃……"

小虎气喘吁吁地晃晃手里的袋子。看那个袋子沉甸甸的，应该是装了不少好吃的。想到这里，敏俊不由得怒气顿消。

"天这么热，抓什么小鱼啊？"小舒擦着头上的汗抱怨道。

敏俊这才发现小舒后背背着个大桶，大得简直像桶装水桶。

"哈哈，你既然不想去，还背着个大桶干什么？"

敏俊指着大桶哈哈笑，小虎也跟着嘻嘻笑起来。

这时，小舒才发现敏俊和小虎手里拿的都是小小的罐子。

"你不是说那里叫小鱼沟吗？肯定有很多

很多小鱼，才会起了这个名。既然抓就要抓个痛快了。嘻嘻。"

他们按照世豪说的地点，沿着河流很轻松地就找到了小鱼沟。

"哈哈，小鱼们等着瞧，你们这回成了瓮中之鳖了。"

敏俊兴奋地高呼着扑腾跳进了小溪。

小舒也跟着跳进水里，小虎把带来的食物口袋放到平坦的大岩石上面，也跳进了溪水里。

三人一起围堵一个水坑，开始掀起那些石头。

清清的小溪一下子被淤泥弄得浑浊，反而什么也看不到了。

"算了，我还是往上游去看看。"

敏俊换了个位置，小舒和小虎也各自散开，仔细寻找小鱼。

奇怪，怎么一条小鱼也看不到……

敏俊开始不耐烦起来，小腿蹲得难受，不一会儿他就觉得腰也疼、脖子也酸。

"还说什么小鱼沟，根本就是骗人！连个鱼影子都看不到！"

小舒满腹牢骚。

"糟糕，那只狗在偷吃我们的零食！"小虎蹲在那里小声说。

敏俊和小舒顺着小虎的眼神看过去，一只猫咪大小的狗，正在把鼻子探进塑料袋里。

　　"会不会是流浪狗，身上那么脏。"

　　大概是声音大了些，那只狗竖起耳朵朝这边看过来，接着猛地叼起袋子朝山上跑去。

　　敏俊的眼睛闪过两团火花。

　　"竟敢偷我们的好吃的！胆子也太肥了，我去逮捕他！"敏俊狠狠地说，回头去看小虎和小舒。

　　"来啊，警员们，去追犯人！"

敏俊一声令下，说完便捡起一根木棍挥动着追赶那只狗。

小虎也嘿嘿笑着立刻跟在后面。

"切，幼稚，又玩警察游戏……"小舒嘟囔着。但看到他们两人已经行动起来，也只好跟在后面追赶。

三人恨不得变成猛虎一下子擒住罪犯，但是他们心有余而力不足。

山上长满了藤蔓和荆棘，盘根错节，哪里像操场那样任由他们撒腿跑啊。而且沿着山势跑上坡，他们三个很快就气喘吁吁了。咦？前面的小狗也突然放慢了速度，只见它把嘴里叼着的袋子放在地上后开始休息。

看到孩子们马上要追上了，那只狗又叼起袋子继续跑。

"我是队长！我是队长！

Over！敌人故意在捉弄我们！我命令立刻改变作战方案！小虎警员向左！小舒警员向右！全速前进包围敌人！ Over！"

敏俊用手掌当对讲机，斩钉截铁地命令道。

"明白！ Over！"

小虎也将拳头放到嘴边附和着。

"是！队长！"

小舒也向右边改变方向。

那只狗回头瞟了两眼三个孩子，

17

突然东拐西拐跑开。于是三个孩子也不得不一路跟着左拐右拐地跑，别说包围"敌人"，这简直是被敌人牵着鼻子走。

"我是队长！别磨蹭！快追！Over！"

敏俊连声呼喊。但是小舒和小虎无力回应。这一路沿着上坡跑，他们已经耗尽了力气，而且此刻他们感觉嗓子眼里干得都要冒火。

敏俊心想这个方案行不通，于是想转身找他们两个。

"啊！"

突然，一声尖叫，小虎瘫坐在地上。

"怎么了，小虎？"

敏俊和小舒两人急忙跑到小虎身边。

"蛇！有蛇！"

小虎手指颤抖着指向一边。

只见一条蛇盘着身体，直直地竖起脑袋。

他们只是在动物园隔着玻璃箱见过蛇，在这种开阔的野外，还是第一次见到蛇。小虎显然是吓呆了，连连往后退缩着。

敏俊和小舒也条件反射般地立刻躲到了大树后面。

可是很快敏俊又重新跑出来，开始高喊：

"哼，我们是英勇无畏的警察！来吧！"

"敏俊，别闹了！危险！"小舒拽住敏俊。

"是啊，警察也有对付不了的事情，快回来！"小虎也劝阻。

敏俊不肯听，像奥特曼一样两腿叉开，高举手里的棍子，开始像气功大师般运气。

"我苦心修炼6年，就是为了达到临危不惧的境界！今天让你看看敏俊警官跆拳道的厉害！啊哈！"

蛇大概不喜欢被打扰，向前探了探。

敏俊心里咯噔一下，向后一个趔趄，小舒和小虎也尖叫着躲开。

"我不是说了别惹它！看你做的好事！"

小虎哆哆嗦嗦地小声嘀咕。

敏俊却咬紧牙，手握着棍子又向前挪了半步。然后突然运气大喊："哈！嗨！哈！！"声音震耳欲聋。不知道蛇是被吓到了还是觉得无趣，竟然悄悄地向着反方向溜走了。

"蛇走了！蛇走了！敏俊，你好厉害！将来肯定是当警察的料！"

小虎由衷地竖起大拇指。

20

"厉害什么啊！万一刚才蛇攻击了你，那怎么办？真是胡闹！"

小舒无奈地摇摇头，他似乎突然想起什么，上下乱翻口袋。

"咦？我的手机忘家里了！现在几点了？还要去补习班呢！"

"哦？我的手机也放到书包里没带！"小虎看着敏俊说。

"看我干什么？你们又不是不知道，我妈妈说了，嫌我的手机天天磕磕碰碰掉在地上，给报废了，让我别指望她再给我买个新的了！"

小虎和小舒听了一下子都傻了眼。

"那怎么办？上补习班迟到了，爸妈会骂我的！"

"什么怎么办，快走或许来得及！"

敏俊说着东张西望去找那只狗，可那只狗早已不见了踪影。

他这才发现他们不知不觉跑到了陌生的地方，只顾着追狗，根本没顾上看他们是从哪条路上来的。现在怎么办？

三人决定径自下山，不过说来容易，走起来却很费劲。为了躲避岩石和荆棘，他们不得不绕道而行，而这样一来，不仅速度缓慢，还感觉总是在绕圈子。他们腿脚已经没了力气，没走几步就瘫倒在地，还弄得身上青一块紫一块的。

"哎呀，饿死了，我嗓子也要冒烟了……"小虎无力地嘟囔着。

"要是能喝上一口水，那该多好！"敏俊也难受地说着，小舒附和地也点点头。

三人不得不一边咽着口水一边继续走，但他们只感觉眼前的路很长很长，脚步却越来越慢。

"喂，我们这样走，不会迷路吧？"小虎突然惶恐不安地说。

敏俊和小舒不回答，只是默默地走着。

"手机也没有……要是我们回不去，那怎么

办？以前听说有几个孩子出来抓青蛙，然后就再没有回去……"

小虎竟然呜呜哭起来。

"你像个小女孩似的哭哭啼啼干吗？谁说我们回不了家了？"

敏俊嘴上这样说，心里却是很担心。他也听说过那个故事。

"哎，早知道就不来抓什么小鱼了。要不是那只狗，我们也不会弄成这样狼狈……"

就在这时，突然传来一个陌生的声音。

"喂，你们在那里干什么呢？"

是一个陌生男人的声音，三个孩子顿时惊恐万分地朝着声音传来的地方看去。

"这边，看这边！"

又传来叮叮的敲打铁器声，他们这才发现大石头上面坐着一个身着冲锋衣的叔叔。

"我们也不知道这是哪里，本来我们要去小鱼沟……"小虎呜咽着说。

叔叔从岩石上走下来。

"瞧瞧你们！就这身装扮还敢来登山，你们知不知道晚上突然降温会有多危险？怎么一点准备都没有就敢上山呢？"

叔叔从背包里拿出水和巧克力派递给孩子们。

这真是及时雨。三个孩子咕咚咕咚喝了水，立刻来了精神；吃过巧克力派，也觉得不那么饿了。

"跟我来吧。我把你们领到有山路的地方。"

叔叔大步在前面带路，三人这才感觉心里踏实了许多。

那位叔叔似乎对这一带很熟悉，轻车熟路地就开辟出一条路，不一会儿，果然一条弯弯曲曲的山路出现在眼前。

"你们沿着这条路一直往下走，前面会有一个岔路口。然后向右边拐，就可以到小鱼沟了。"

三个孩子感动得差点痛哭流涕，恭恭敬敬地给叔叔鞠了个躬。

沿着那条弯曲的路一路走下去，果然出现了

一条岔路口，很快他们就看到了熟悉的小鱼沟。三人终于松了一口气。

"刚才那阵我特别害怕找不到回家的路，现在路找到了，倒是开始担心怎么回家见爸妈了。我妈肯定会大骂我一顿，嫌我逃课不去补习班……"

小虎一脸愁容。

"怕什么？至少今天我们玩得很刺激，不是吗？"

敏俊用手戳戳小虎，嘻嘻笑着。

"你倒是好，没什么可担心的！"

"就是嘛。要是我妈妈像敏俊的妈妈那样大度，那该多好！为了让你有个快乐的童年，你妈妈都

不给你报那些乱七八糟的补习班！"

小虎听了小舒的话，也羡慕地附和。

"那好啊，那你们俩一起住我家里得了。晚上我们还可以一起玩警察游戏！"

"才不呢！金窝银窝不如自己的狗窝！我还是喜欢在我自己家里待着！"

"我也是！"

这回，小虎像商量好了似的反过来应和着小舒。三人哈哈笑着，开心地走向回家的路。

敏俊、小虎、小舒去小鱼沟捉小鱼，他们翻开好多石头都没有抓到。一只流浪狗翻开他们放在大石头上的零食口袋吃起来，被惊动后竟然叼着口袋跑开。三个孩子一路追赶，却在丛林中迷了路。幸好遇到好心的登山客，带他们找到了回家的路，三人这才平安下山。

在山上很容易迷路，也很可能遇到蛇、毒虫等，要特别注意安全。建议上山时挑选人们常用的路线，避免进山太深。

▲ 草丛茂盛的地方容易有蛇出没，最好是用登山棍先试探一下，鼓励"打草惊蛇"。

🚗 遇到蛇时如何应对

如果不主动攻击，蛇是不会轻易先攻击或追赶对方的。在草丛茂盛的地带行走时，应戴好长棍或登山拐杖，用其试探和开拓道路，并驱赶蛇。遇到蛇时，千万不能扔石块儿或去触碰，应绕道而行，或耐心等待蛇离开。蛇对金属声音特别敏感，可以将石块儿放到空易拉罐摇晃弄出声响，以此来避免登山时遇到蛇。

爬山须知

1 备好干粮、水、应急药、雨衣、换洗衣服、手电筒、小刀、绳子、口哨等物品。

2 匀速前进、少食多餐，以保持体力行进。

3 不随意扯拽树枝，以免树枝折断发生跌伤事故。

4 应沿着人们常走的登山路线行走，以免脱离路线迷路。

5 天黑前下山。在下坡道上行走时稍弯曲膝盖，落脚时把握好力度。

▲ 野炊时带好野炊炉具、手电筒，在指定位置使用野炊炉具。

▲ 登山时选择人们常走的路线比较安全。

一 如何辨认山路

1. 意识到走错路线时，应立即原路返回。走过的路用树枝等做个标记。

2. 沿着山脊登山，俯瞰时可以确认一下方位。

3. 沿着溪谷往下走。通常溪谷都和村庄连在一起，所以不用担心在山里徘徊。

悬崖或瀑布前面无路口走，要格外注意。

4. 不能确认位置时，可以拨打 110，告知警察电线杆或信号塔上的编号，以便警察确认。

二 登山发生意外时的应急措施

1. 如果被蛇咬，用干净的布包扎被咬伤口的上方，立刻送往医院。

2. 如果崴脚或骨折，应用木板固定，背或扶着下山。

如果伤情严重，应立即拨打110请求援助

3. 如果被马蜂蜇伤，用银行卡等挤推被咬部位，拔掉蜂针，然后用凉水冷敷。

4. 被芒刺扎伤时，拔掉芒刺，涂抹消毒药水。如果伤口深、流血较多时，应立即送往医院。

5. 虚脱等失去意识的情况时，让伤者侧躺，立刻拨打110。如果伤者停止呼吸，则立刻做人工呼吸施救。

30

三 适合登山的着装

1. 穿长衣长裤。如果穿短袖、短裤，容易划伤胳膊和腿，摔倒时也容易发生磕碰。

2. 穿登山鞋。登山鞋对脚踝有很好的支撑作用，鞋底凹凸不平，增大摩擦不易滑倒。

3. 戴帽子。不仅能遮挡烈日，还能在发生山石脱落时保护头部。

4. 携带专业的登山拐棍。不仅可以在爬山时减轻负担，也可以驱赶蛇虫等。

> 登山时，应身穿轻便的服装，以便活动灵活

过人行横道

在山上遇到突发事故时，不要慌张，要沉着应对。如果同行的人中有人受伤，那么先做好应急措施，全力以赴避免伤情恶化。视情况再决定是需要立刻送到医院，还是可以等到救援队赶来。无法施救时，应立刻联系救援队请求支援。

◎ 求助方法

★ 电话拨打 110：告知事故发生的具体地点、原因、伤者状态，按照援助中心队员的指使操作。

☆ 向路人求助：伤情不重时，可向身边的路人求助，制作简易担架或扶起伤者。

可怕的玩具枪

敏俊背着书包在走廊来回徘徊，突然，他似乎想起什么，从书里掏出了BB弹玩具枪。他拿它当宝贝似的摩挲着，忍不住咧着嘴笑。

"你没看新闻吗？每天都有好几个小孩因为玩这个被送到医院去。不行，太危险了！"

每当敏俊央求妈妈给他买BB弹玩具枪时，妈妈就会这样反驳。所以敏俊只好自己省着零花钱，偷偷攒钱买。哎，别提多辛苦了。

玩具枪买了已经快一个月了，但是妈妈一直被蒙在鼓里。

敏俊把玩具枪的灰尘往裤子上蹭蹭，走到教室窗前。走廊的窗户朝教室里大开着，敏俊把脑袋探进去，看看里面的动静。

"有没有扫完？"

教室里简直乱了套，有些孩子正拿着扫把当大刀嚯嚯挥动着，有些孩子正拿着拖把当溜冰鞋玩，有的孩子正追打跑闹……

打扫卫生的孩子，只有小舒和小虎，还有两三个女生。

"喂！你们几个干吗不打扫卫生？"

敏俊看不下去了，大声吼道。

"吓死我了！谁让你多管闲事！又不是你值日！哼！"

泰豪大概是刚才来回跑着玩累了，气喘吁吁地吼道。

"我还不是为了小舒和小虎？都怪你们这样贪玩不打扫卫生，他俩才会没法回去。这得耽误我们多少玩的时间啊？"

"你要是心急，那你来打扫啊？"

"对对对！你来打扫正好！"

那些拿着扫把打闹的孩子，也替泰豪帮腔。这帮调皮蛋似乎对他们的提议很满意，相互挤眉弄眼地哈哈大笑，然后不管不顾继续打闹起来。

"哎，这样得什么时候才能放学啊！"

于是敏俊放下书包走进教室。

"喂，我来一起干就是了！你们也赶紧过来一起打扫，快！"敏俊拿起拖把，冲着泰豪说。

“你算什么？你让我们打扫，我们就打扫？我们就不扫，你能怎么样？”

泰豪握着拳头大步走到敏俊跟前。

“怎么，要打一架？”

敏俊两脚迈开，立刻采取攻击姿势。

别看这个泰豪个头比自己大，但是敏俊有信心打败他。他们一起上的跆拳道班，以前较量过多次，所以对泰豪的实力，敏俊了如指掌。

泰豪瞪了敏俊几秒，突然慢慢放下胳膊，乖乖地举起扫把来。别的孩子见状，也偷偷瞄着敏俊的脸色，各自拿起工具开始打扫起来。

教室很快就打扫干净了。

"好了！走吧！快没时间玩了！"

敏俊拽着小舒和小虎的胳膊往外跑。

手里早已迫不及待地拿起了ＢＢ弹玩具枪。

"知道了，走！"

小虎也赶紧跟在后面。

"又是练射击，烦不烦？"

小舒一路小跑跟在后面，又是一通唠叨。

"怎么会烦呢？想要当个警察，最起码当然要先练好射击了，要成为百步穿杨的神枪手才行！"

"敏俊，我就不明白，你怎么那么愿意当警察？"小舒歪着脑袋好奇地问。

"这还用问？敏俊的叔叔是警察，你没看见上次他叔叔来，别提有多威风、多神气了！"小虎嘻嘻笑着说。

“那当然。他是我的偶像，将来我一定要像叔叔一样，当个好警察！”

“那你当警察为什么要拽上我们俩？我们又不想当什么警察……”

小舒看了看小虎，希望他能站到自己这一边。但是小虎忙着换运动鞋，没理他。

“好好好，知道了。就练到百发百中，然后你想干什么就干什么，可以了吧？”

敏俊拉扯着小舒的袖子讨好地笑着。

"咦，你不是没有理想吗？这回突然有了，你将来想要当什么？"小虎嬉皮笑脸地问小舒。小舒瞪了敏俊一眼。

"现在没有不代表以后没有啊，我肯定也会有自己的理想的。哼！少废话快走吧，没时间玩了！"

"切，还不是你先提起的！"

小虎撇撇嘴，小舒大概是觉得不好意思，自己先跑开了，敏俊看得哈哈直笑。

三人来到学校后面的空地。这里以前是建筑工地，后来闲置下来，而且平时也没什么人来，所以很适合练习射击。

敏俊把藏在草丛里的三个易拉罐翻出来，依次放到下水管道上面。

"今天继续比赛，谁输谁买炒年糕！"

敏俊宣布完比赛规则，缓缓拿起枪瞄准易拉罐。

"才不呢！肯定又得我买，我的零花钱都用光了！"小虎嘟囔着。

"哪有就你自己请客，我不也买了几次吗？"小舒也跟着抱怨。

小舒突然眼睛一亮，想出一个点子。

"对了，这样吧。每次敏俊都白吃咱俩的，这回我们规定，谁赢了谁请客！"

"喂，哪有这么比赛的？"

敏俊撇撇嘴。

"总比输掉比赛又掏钱强吧？"

小虎点头拍手叫好。

敏俊心里想着，这也太无赖了。不过的确，每次都是白吃他们俩的，也就没再争执，点头同意。

"不过说好了，不许故意输掉！"敏俊正在上子弹，小舒在耳边不放心地说。

"切，我哪有那么龌龊，好了，让开，我要大显身手了！"

敏俊瞄准着易拉罐，屏住呼吸，尽量不让手发抖。"当！"一声枪响，易拉罐应声倒下。

小舒和小虎依次瞄准和发射，也都打中。三人轮番射击，小虎负责把每次的成绩记到地上。

敏俊：小舒：小虎

8：5：6

"喂，你们要不要跟我们一起玩打枪啊？想不想？"

后面突然有人喊，三人同时回过头去看。

四个年龄和他们差不多的男生正往这边走来。

哦，原来是敏俊二、三年级时的同班学生。可其中戴眼镜的男孩儿，他就不认识了。

"我们分组玩，怎么样？肯定比现在好玩！"

那几个孩子不甘心，一个劲地鼓动着，敏俊却在犹豫。因为他记起妈妈说过，每天都有很多小孩因为ＢＢ弹玩具枪被送到医院……

但是担心归担心，他心里还是很痒痒，想试一试。这应该跟实战演练一样刺激，而且他自己平时练射击练了这么久，刚好可以趁此机会大显身手。

"可是……我妈妈说过，ＢＢ弹玩具枪很危险，不能冲着人开枪……"

小虎有些不放心，看着敏俊和小舒。小舒也不太情愿，所以默默地看着敏俊。

42

"哎哟，一群胆小鬼。这又不是真枪实弹，塑料子弹就把你们吓得像缩头乌龟似的……"

那个戴眼镜的叫灿宇的男孩儿，上下打量着敏俊三人，哈哈嘲笑着。

这让敏俊感到非常气愤。他刚想反驳一句，对方又煽风点火。

"你们这几个胆小鬼，又不是冲着脸打，往身上开枪有什么可怕的？我们天天玩都不怕！"

"哼，谁是胆小鬼了？打就打！"

敏俊被激怒，把几个子弹放到枪膛里。

"好，打就打！准备开战！"

小虎也附和着。

"可是，我们人数不够啊。他们四个，我们只有三个……"小舒不平衡地说。

"管他呢！我们练得好，肯定比他们强，好好给他们露一手！"敏俊在小舒耳边小声嘀咕。

小舒会意地冲着敏俊眨眨眼。

"说好了，谁中弹就得装死，立刻倒下，不能耍赖……"

"放心，管好你们自己就行……"敏俊一句话打断灿宇的话。

他觉得这家伙说话很是刺耳，让人不舒服。

双方正式开战！敏俊巧妙地躲闪着对方的子弹，一点点逼近灿宇。灿宇却丝毫没察觉，只顾着瞄准小虎。

敏俊趁机对着灿宇的肚子发射。

灿宇的衣服受到冲击晃动了一下，显然他是中弹了。

灿宇中枪显得很意外，他却只能马上倒地，假装阵亡。

其他三个小对手也很快就被搞定，一个个趴下。

"切，还说什么天天练习，也不过如此！"

小舒看到被打败的敌人，哈哈大笑。

对方不服气地咬牙切齿，但是下一局还是输得很惨。

想起方才自己在作战中左闪右躲、身手敏捷的表现，敏俊觉得自己就跟真的警察一样，刺激极了。

小舒和小虎显然也是很兴奋。原来这种实战演练的成就感，是原地射击练习所远远不能企及的。三人在草丛和岩石之见来回躲闪着，啪啪射击。

敏俊悄悄走近灿宇，朝着他的侧身开了一枪。灿宇本应该中弹趴下的，却朝着这边开枪反击。

"喂！你不是中弹了吗！怎么还不装死？"敏俊不满地冲着灿宇说。

"我什么时候中弹了？"灿宇面红耳赤地反驳。

"我都看到了，明明中枪了！还说不是！"小舒也在旁边帮腔。

灿宇不示弱，脸红脖子粗地叫着让小舒拿出证据来看看。

"臭小子，明明中弹了还耍赖……等着瞧！"敏俊恶狠狠地瞪着灿宇。

枪战再次打响，敏俊对准灿宇的胸膛，打算狠狠地放一枪。

"哎呀，我的眼镜怎么碎了？"

不知为什么，灿宇突然喊着冲出草丛。其他孩子也放下玩具枪，赶到灿宇身边。

他们看到灿宇的眼镜右边镜片上有着蜘蛛网一样的裂纹。不知道是不是被子弹打到了额头，灿宇的额头左边还多了块儿红肿的淤血。

"说好了打身体，谁让往脸上开枪了？幸好我戴着眼镜，否则眼睛都报废了！"气急败坏的灿宇大声吼着。

敏俊只感觉心里咯噔一下。

因为刚才冲着灿宇开枪的，就是自己。正如灿宇所说的，如果不是因为镜片挡着，恐怕灿宇的眼睛已经……哎，不堪设想。

"到底是谁弄的？是谁往脸上开枪的？"

对方四人中那个胖乎乎的男生，气势汹汹地看着敏俊和小舒，还有小虎。

　　"他们都有份！都冲我开了枪！"

　　灿宇这句话实在是很让人意外，听得敏俊他们三个面面相觑。灿宇虽然可恶，但是没想到他们三个都把灿宇当成了重点攻击对象。

　　"你们赔我的眼镜！否则我去告诉老师！"

　　灿宇转身离开，其他几个跟班也紧跟在后面。

"干吗让我们赔？"敏俊冲着灿宇的后脑勺喊着。

"是啊，干吗让我们赔？是你们提议要玩打枪游戏的！"小舒也扯开嗓门喊。

"谁让你们弄碎我的眼镜了！反正是你们打碎的，你们赔！"

灿宇一点也不示弱。

敏俊觉得眼前发黑，不由叹着气。

"糟糕，这下完了！"

"妈妈不会放过我的，她说过不许冲着人开玩具枪的……"小虎也耷拉着肩膀有气无力地说。

"哎……这枪太恐怖了！怎么能把好好的镜片给打碎呢？"小舒看着眼前的玩具枪和子弹，只感到后怕。三人迈着沉重的脚步，垂头丧气地默默离开了空地。

敏俊、小虎、小舒放学后在空地玩射击,他们找来三个空易拉罐当靶子射击 BB 弹玩具枪。这时,有四个男生找过来,建议玩打枪游戏。

敏俊左躲右闪靠近灿宇,射到了他的腹部,灿宇假装中弹倒下。其他三个"敌人"也相应被射倒在地。他们玩得很开心,仿佛真的变成了警察一样。而意外的是,敏俊、小虎、小舒同时朝同一个"敌人"射击,子弹把灿宇的眼镜打碎了,差点伤到了眼睛。

如果他们没有冲着脸发射 BB 弹,就不会发生打碎眼镜的事故。通常男生爱玩的打枪或大刀游戏很容易发生意外,所以一定要格外注意安全。

🚗 可怕的BB弹玩具枪

BB弹又圆又小,由塑料制成。BB弹被射出枪口时,其威力可以射穿铝制易拉罐。如果眼睛被BB弹射中,眼角会撕裂,甚至失明。打到牙齿,甚至可以让牙齿松动。在购买BB弹时,务必征得父母的同意,使用时佩戴好保护镜,在安全空旷的地点练习,以免发生事故。千万不能搞恶作剧,冲着人的脸部射击。

常见玩具事故

1 被玩具枪子弹打中眼睛很容易导致失明。另外，小子弹也会被孩子拿在手里玩时，出于好奇心放入耳朵或鼻孔里，非常危险。

2 玩具棱角过于尖锐，容易发生割伤或刺伤事故。带绳索的玩具很容易在玩的过程中发生绕颈、勒手事故。

3 电动玩具、火药玩具以及燃放烟花的过程中易发生烫伤、爆炸事故。

4 拼图或玩具碎片、爆裂的气球碎片、没有吹气的气球，都容易被孩子拿在手里发生吞咽意外，导致窒息。

5 在楼梯或高处玩耍时易不小心发生坠落事故。

▲ 玩水枪时不对着人的脸。玩水枪时如果兑有染料，会弄脏衣服，应格外留意。

 一 不做危险游戏

1. 不站在带轮子的玩具上面嬉闹。在没有任何保护措施的情况下贸然玩耍，易发生手部和膝盖骨折事故，破坏骺板（也称生长板），阻碍骨骼发育。

2. 不拿着火药、甩炮玩，以免手、脸、眼等部位发生炸伤事故。

3. 不拿尖锐的铁器、长棍、棒球棒玩闹，以免打到身体，或伤到眼睛导致失明。

4. 不拿 BB 弹玩具枪等玩。不冲着脸部、头部射击，否则很容易打伤眼睛。

鞭炮和甩炮很危险

 二 远离有害玩具

1. 棱角尖锐的玩具、做工粗糙的玩具不宜玩，以免发生意外。

2. 表面漆脱落的玩具不宜玩，以免释放有毒化学物质，沾染到手上、嘴上。

3. 噪音过大的玩具应避免玩，否则很容易导致情绪不安、损害听力。

4. 光线过于刺眼和绚烂的玩具不宜玩耍。这种刺激性光长期照射眼睛，很容易损坏视网膜。

三 如何挑选安全玩具

1. 如果用手抚摸木制玩具纹路时，感到不平滑或沾染到染料，应避免购买。

2. 塑料玩具应观察连接部分是否柔和流畅，否则有时小朋友放到嘴里时，很容易吞下玩具碎片。

3. 察看玩具形状和颜色是否具有美感，并确认所用木漆或染料是否属于安全材料。

4. 拼图、掷骰子等纸质玩具应确认是否结实，压缩不到位的纸盘很容易撕裂。

5. 铁质玩具可能会尖锐，含有对人体有害的成分，应选择质量过关的玩具。

危险的玩具

玩具也分好坏。我们可以具体了解一下：

◎ 优点

★好的玩具不仅可以满足玩耍需求，还可以达到学习效果。

☆过家家、分角色扮演的游戏，利于培养孩子的想象力。

★在玩玩具的过程中，可以培养孩子的观察力。

◎ 缺点

★一整天只顾着玩玩具，拒绝跟家人、朋友一起玩。

☆喜新厌旧，总想要新玩具，对玩具过于痴迷。

★玩具大部分都是由合成树脂和合成纤维做成,很容易污染环境。

在游乐场不要只顾着玩

敏俊走出教室，发现外面一片阳光灿烂，操场地面也早已干透。

"哇哦，总算出太阳了！"

敏俊欢呼着奔向操场。连着几天阴雨不停的日子，可把敏俊给憋坏了。

要是这时有个BB弹玩具枪，那该多好。不过自从上次眼镜事件之后，妈妈就把它给没收了，而且三个人不得不一起赔偿了眼镜钱。

"走，到游乐园玩去！"敏俊像摩天轮一样挥动着手里的书包，对紧跟其后的小舒和小虎说。

"好啊！"

"真是的，敏俊说干什么，你就知道说好啊好啊！"小舒冲着小虎撇嘴表示不满。

"切，你不也一样，还说我？"

"我至少会在脑子里想想再回答，哪像你？嗯……我看大概还可以玩个半小时！"小舒装模作样去看手机上的时间，不紧不慢地回答。

"切，还不是一样玩！"

"是啊！哈哈！"

敏俊也咯咯笑着，弄得小舒也嘻嘻笑起来。

游乐园早已聚满了孩子们，热闹得很。

"玩什么好呢？"

小虎眨着眼睛看敏俊。

"还用说？当然是警察游戏了！这种天就应该

相互追赶着撒欢地跑！"敏俊不假思索地说。

"什么？不腻啊？换个花样吧！"

小舒嘴上习惯性地嘟囔着，不过脑子里早已在盘算到底是出石头，还是剪子、布。

"喂，早想没用，随便出一个就行了！准备出拳，谁要不出谁就当警察。石头——剪子——布！"

敏俊一声吆喝，小舒和小虎冷不丁出了拳。

"哈哈，你看，还不是我赢？我就说嘛，要动脑子！我来当小偷了！"小舒蹦蹦跳跳地说。

敏俊和小虎重新出。

"耶，我也是小偷！你来追！"

敏俊出了布，赢了小虎，兴致勃勃。

"我来当小偷吧。你不是一心希望当警察吗？你来当警察，嗯？"

"切，我才不呢！我要一边逗你，一边让你追我，这多刺激啊！"

小虎垂头丧气，乖乖地开始快速数数。

小舒像猴子一样爬上滑梯。敏俊一点

也不着急，站在离小虎两三步远的地方，嬉皮笑脸。

"好，你是不是以为我抓不到你，故意不逃开，行，看我今天怎么抓到你，嘿嘿！"

小虎忘了数数，信誓旦旦地说。

"尽管来！"

"等着瞧！非抓到不可！18、19、20——"

小虎大声数完最后一个数，猛地扑向敏俊。敏俊故意保持一个手掌的距离，让敏俊欲抓不能，左躲右闪地逃开。

那情景看起来滑稽极了，有点像追赶主人的小狗狗。两人就那样绕着运动器械转啊转。

"小虎！干吗不抓我！闲死我了！"

小舒在滑梯上面大声嚷嚷，小虎却像被激怒的汤姆猫一样，一心追赶着敏俊这个小杰瑞。

"等着！小舒！我来了！"

敏俊说着朝着倾斜

的滑梯猛地攀上去，险些往后摔一跤。

原来，滑梯上面还有些雨水，非常滑，还好敏俊反应快，立刻抓住滑梯扶手，才有惊无险，但是后背早已吓出一身冷汗。

敏俊倒吸一口气，缓缓神。

"你看小虎，爬得像壁虎一样！快看！"小舒咯咯笑着说。

敏俊回头去看。

只见小虎跟着敏俊往上爬，两手紧紧扶住把手，两脚张开紧紧贴在滑梯面上，正是用四肢慢慢爬上来呢，像极了小乌龟。

"乌龟警察，还想抓小偷？猴年马月啊！"

敏俊已经站到了滑梯最上面，神气十足地说。

小虎却仍在卖力地往上爬。

"等……等着瞧，我马上……"

小虎好不容易把一只脚迈到最上面，敏俊一股脑又顺着对面的滑梯哧溜滑下去了。小虎也趔趄着跟着下来。

"你根本抓不到敏俊，还紧追不舍的。还是来抓我吧，来呀！来！"

　　小舒早已爬到云梯上面，用话刺激小虎。

　　"谁说抓不到！"

　　"你肯定不行！"

　　"肯定行！今天非抓到不可！"小虎气喘吁吁地说。

"好呀，那你来啊，我等着你，你看，我这么慢，你都抓不到！"

敏俊还是故意与小虎保持一步的距离往前跑。但是大概是一直疯跑的缘故，他也累得上气不接下气。

忽然，他发现了漏斗型的攀爬架。

"有了！"

敏俊开始手脚并用地爬上架子。

"你耍赖，我马上要抓到了……快下来！"

小虎瘫坐在攀爬架下面，像牛一样地喘着粗气。

"哈哈，胆小鬼警察，上来啊！不敢了吧？"

敏俊俨然变成了蜘蛛侠，麻利地爬上去。那些网晃悠悠的，但这难不倒他。很快，这个敏捷的小松鼠就爬到了上面。

"敢说我是胆小鬼？等着瞧！不抓到你不罢休！"

小虎被激怒了，也开始往上爬。

"这小子，看起来动真格了！"

敏俊害怕被抓到，故意用力摇动攀爬网。整个网就像被风吹动的衣服一样晃晃荡荡。小虎就像上面的一只小蜘蛛一样，也跟着摇摇晃晃。小虎无计可施，很生气，很快就重新坐到了地上。

"哈哈，我就说你不行嘛！"

敏俊放肆地笑着，摇晃得更厉害。

就在这时……

"咦，那边不能上去……"有个经过的陌生男孩看到敏俊，自言自语地说。

"你说什么？"

敏俊不再晃动攀爬网，竖起耳朵去听。

"这边写了雨后禁止攀爬。你们看！"

那个男孩儿指了指警示牌，小虎一股脑跑到警示牌跟前看个究竟。

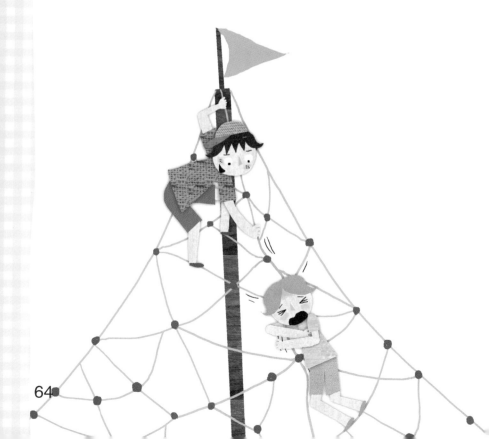

"敏俊，快下来！这边说了下雨后不许上去！"小虎心想机会来了，冲着敏俊喊。

"切，少骗我了！你上不来就想让我下去，是不是？"

敏俊觉得小虎肯定是在骗自己。因为他平时总到这里来玩，却一次也没看过什么警示牌。

"不是，是真的！这边写得清清楚楚！"

看到小虎凝眉的夸张表情，敏俊笑到肚子疼。

"你的演技实在是太棒了，不当演员太可惜！"

"我说的是真的！算了，小舒，你过来看看再告诉他！"

小虎脸通红，朝着小舒挥手。

"那，你可别抓我！"

小虎连连点头，小舒这才顺着云梯下来。

"额？是真的？什么时候有的这个牌子？"

小舒自言自语念着警示牌上面的文字。

雨后禁止攀爬！

"敏俊，是真的！快下来！"小舒挥挥手。

"真的？不过……无所谓。反正小偷就是要躲到危险的地方才不容易被抓到！"

敏俊故意又狠狠摇晃着攀爬网，哈哈笑着。攀爬网摇动得像巨浪一样，敏俊又用脚踩在上面摇晃，地面上两个孩子看呆了。

"哈哈，小菜一碟！"

攀爬网依然摇晃不定，敏俊迈开脚向旁边挪动，偏偏右脚一滑，一下子失去了重心。

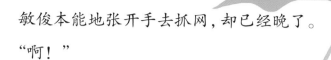

　　敏俊本能地张开手去抓网，却已经晚了。

　　"啊！"

　　一声尖叫，敏俊直线下降，从
网上掉了下来，心脏怦怦得像
敲鼓一样。紧接着一瞬间他
感到自己被什么撞到。

敏俊只顾着挥动着手脚，手刚触碰到网，还来不及抓住就掉下去。

"这下死定了！"敏俊绝望地闭上了眼。

可没想到等缓过神，敏俊发现右脚神奇般地被攀爬网勾住了。于是他把浑身的力气都用在那只脚上，生怕一松开就掉落下去。

"喂！你们快看！"

"敏俊像个钟摆一样！"

周围的孩子立刻炸开了锅。

"敏俊！你没事吧？"小虎脸煞白地尖叫着。

这些敏俊统统都听进了耳朵里。

敏俊伸出手去抓网上面的绳子。幸好这个攀爬网是漏斗型，越往下网越大，所以才能把敏俊勾住。

等到爬到地面，敏俊瘫软在地。

他感觉浑身的力气都用完了，根本站不起来。

"哇哦，敏俊真是帅呆了，掉下来还能用脚勾住倒立！要是我肯定直接摔个嘴啃泥了！"

小虎不可思议地摇着头，敏俊听着却羞红了脸。

"喂，你吓死我了！有没有伤到哪里？"

小舒查看着敏俊的胳膊和腿，上面到处都是被擦伤的痕迹，好在不算严重。

"真是万幸。"

"这还叫万幸？"

敏俊摇摇晃晃地站起来，瞪着小虎。小舒和小虎赶忙一左一右搀扶着敏俊。

"让开！丢死人了！"

敏俊脸涨得通红，推开小舒和小虎。

"谁叫你不听我话了，我喊你下来老半天，你也不听！"

"你这不是火上浇油吗？"

敏俊气得冲小虎瞪了一眼。

"谁叫你们两个不安分了？"小舒像个大人一样啧啧地说。

敏俊和小虎同时回过头瞪着小舒，小舒吐吐舌头，嘻嘻笑着赶紧跑开了。

敏俊、小虎、小舒在游乐场玩警察抓小偷的游戏，小虎当警察，来追其他两人。敏俊左躲右闪，小虎追得很辛苦，却还是让敏俊像敏捷的松鼠一样溜掉了。

敏俊突然发现了攀爬架，就往上爬。小虎和小舒看到"雨后禁止攀爬"的警示牌，担忧地劝说敏俊快点下来，敏俊却不听劝，还用脚故意使劲晃攀爬架。结果一不留神，掉下来擦伤了胳膊和腿。

游乐场可以带给孩子很多快乐，但也隐藏着许多安全隐患。要养成遵守游乐场规则、安全玩耍的习惯。

▲ 在游乐园玩要遵守安全守则，避免伤到自己和其他人。

🚙 危险指数较高的游乐园设施

游乐场经常会发生大大小小的事故。滑梯上如果前面的人还没起来，后面的人就已经滑下来，易发生碰撞；有时候是站着从滑梯上面滑下来，易导致摔伤。也有一些是因为从秋千上掉下来，或者蹦跳时发生事故；有些则是在秋千架周围玩时，因为稍不留神被其他孩子撞倒。另外，从单杠、攀爬网、跷跷板上跌落的事故也比较常见。

在游乐园发生意外时的应急措施

1 手指或脚踝扭伤时，高举起受伤部位，冷敷处理。

2 烈日下玩耍中暑昏厥时，应挪到阴凉的地方，让其按照头低脚高的姿势休息。

3 鼻梁骨折时要立即送往医院。如果出血，轻压出血部位进行止血。

4 头部碰到单杠或水泥地面时，用冷敷处理，并观察一两天。

5 摔倒破皮或出血时，用脱脂棉蘸上消毒液药水理伤口，再涂抹软膏。

▲ 玩单杠或双杠时可能会发生坠落事故，必须用力握好。

73

一 游乐园安全检查

1. 观察游乐园地面是否安全。相比土质地面或草坪地面，铺有柔软材质或橡胶材质的地面更安全。

2. 观察滑梯或秋千下方的土层是否厚实。如果土层不够厚实，易伤到腿。

3. 观察游乐设备的把手、保护装置是否齐全。如果生锈或发生松动，就不要使用。

4. 云梯或攀爬架这种运动装备身体可以穿过去，但头部不能，应牢记这一点。

二 游乐装备安全事项

1. 不在滑梯上站着或趴着下来。下来之后应立刻起身避让，以免和后面下来的人发生碰撞。

2. 跷跷板应面对面坐着使用。停止玩耍下来时，应事先提醒对方，小心迈腿，避免把脚放到跷跷板下面。

3. 荡秋千时应在秋千静止状态下坐定，下来时也应等到秋千完全静止再下来。不站立、跪着或趴着荡秋千。

4. 不靠近正在做单杠活动的人。不吊在比自己身高高出太多的单杠上玩。

5. 旋转盘转动时，不随意上下，不钻到旋转盘下面玩。

在游乐园玩器械时，要排队耐心等待

74

三 注意细节，保护自己

1 不使用陈旧、松动的游乐器械。

2 不用沾尘土的脏手摸脸或揉眼睛。

3 夏季烈日炎炎时，不去碰被太阳晒得灼热的单杠。

4 冬季游乐器械冻住时，不去触碰和使用。

5 从游乐园回来后及时洗手。

6 不在游乐园随意丢弃垃圾。

大家公用的游乐器械，应该注意卫生和清洁

7 在游乐园玩耍时以轻便着装为宜，过厚或有很多饰品的衣服不利于运动。

8 经常修剪指甲，以免玩的过程中抓伤小伙伴。

危险的运动游乐器械

自行车、轮滑、滑板车等运动器械速度都很快。从运行到停止，因为惯性，通常都会比预定目标溜出一段距离。这类运动器械每次的刹车有效距离也会多多少少有些不同，所以玩这些运动项目时，不建议速度过快。雨雪天刹车时，车轮还会打滑，有效刹车距离会相对更远，所以更应该注意这些细节。

溺水了

高速公路上挤满了车，仿佛这里就是停车场一样。一排排像蚂蚁一样的汽车，半天也开不出半米。

"我就说要避开假日高峰期嘛。"爸爸大概是感到脖子僵硬，左右晃着脖子无奈地说着。

"人也得经常走动走动才像过节一样热闹热闹啊，等别人都过完节了咱们再去，还有什么意思？"妈妈边帮爸爸揉捏着肩膀边说。

"是呀，爸爸。海水浴场要像饺子下锅一样人多才热闹，如果空荡荡，那有什么乐趣？"敏俊躺在后座上附和。

"你来开车试试，那你就知道是什么滋味了！"

敏俊一下子被噎住了。的确，这车堵得是很闹心。

他们一大早从家里出发，一路上敏俊迷迷糊糊睡了又醒，醒了又睡，中途在休息站还吃过午饭，但是还没到达目的地，依然在路上折腾。

头上太阳火辣辣的，加上柏油路上的热气，车里像蒸锅一样闷热得难受。

"爸爸，空调开大点好不好？太热了！"

"稍微忍耐一下，马上就到了。夏天就是这样热。"

妈妈帮着扇扇子，安慰着。

敏俊皱皱眉头，扑腾一下又躺在座位上。一上午跟游戏机较劲，现在他也玩腻了，一时想不出还能玩点什么。

"要是无聊，你也看看书！"

妈妈说这句话时特意瞟了一眼哥哥，哥哥从出门开始，就一直捧着一本书在看。

"在车上怎么看书啊？我头晕。"敏俊看看妈妈，又看看哥哥，不满地撇撇嘴。

"哥，跟我打游戏吧！"

敏俊拍拍哥哥的腿，哥哥却不吭声，只顾着看书。

"听到没有，陪我打游戏！"

敏俊挺直腰杆坐起来，两手盖住哥哥的书不让他看。哥哥这才抬起头。

看到哥哥皱着眉头，敏俊二话不说赶紧靠到一边坐着。别看哥哥平时很温和，一旦发起火来可不是开玩笑的。

而且，现在要是跟哥哥闹起来，当着妈妈的面，肯定自己吃亏，还免不了一顿唠叨。

"切，小虎真是脑袋进水了，这种哥哥有什么好的……还崇拜得跟什么似的。"敏俊想着想着不由又撇撇嘴。

小虎经常在他面前羡慕地说："要是我哥也像你哥哥那样温和就好了。我哥天天让我干这干那，使唤来使唤去的，折腾死我了！"

其实敏俊倒是很羡慕小虎，小虎的哥哥很爱玩，经常跟他们打成一片。要是自己的哥哥也那样，路上堵车也就不会这么无聊了。

敏俊叹着气闭上了眼睛。

"再坚持一会儿，就可以玩个痛快了！"

敏俊脑子里浮现出在清凉的海水里畅游的场景，感觉心里顿时豁亮了，耳边仿佛还听到了海浪有节奏地拍击海岸的声音。

想象着蓝天、白云、碧海，敏俊不知不觉睡着了，还梦到一群海豚陪伴他左右，穿梭在海洋里。

"到了，别睡了！快起来！"

有人轻轻摇醒他，敏俊睁开惺忪的眼睛一看，妈妈正在看着他微笑。

摇开的车窗，飘来阵阵海水的咸味，敏俊顾不上打哈欠，立马冲到车外。一下车，一股黏糊糊的热气立刻包围了他。

一望无际的蔚蓝色大海，金色的沙滩，还有上面点缀的五颜六色的帐篷和遮阳伞……海面上

黑压压的都是戏水的人，随着波涛起伏连连……

"啊，大海！"

敏俊高举双手欢呼，恨不得立刻跑到海水里，于是急忙翻包找泳裤。

"你不是现在就要下水吧？"爸爸诧异地问。

看来这一路爸爸开车的确是辛苦，眼窝都陷进去了。

"赶紧帮忙支好帐篷再玩吧，这样你爸爸也能休息一会儿。"妈妈一边卸行李，一边说。

哥哥正忙着帮妈妈搬东西，敏俊赶紧一起来搭把手帮忙。

敏俊给爸爸打下手搭帐篷。本来他以为这是很简单的事，却发现那些细杆穿来穿去很是麻烦。

　　"怎么这么复杂，为什么不像雨伞一样，按个按钮就'啪'一声打开呢？"

　　"爸爸也想买一个自动的，省的这么费力。"

　　爸爸敲敲打打，把帐篷的边角固定好。

　　支完帐篷，敏俊拎着包钻进里面。

　　"敏俊，把这个穿上！"

等他换完衣服出来时，妈妈递给他一个橙色救生衣。敏俊连连挥手欲逃，妈妈一把拽住他。

"妈妈，你还不了解我的游泳实力吗？我可是人称'海狗'啊！"

"这里跟游泳池不一样，别管海狗海豹，你得穿上这个才能去玩！"

妈妈硬是把救生衣给敏俊套上了。

"喂！你不做热身运动啊？"

刚跑到沙滩上，哥哥又在后面叫住他。

"一直没闲着，还做什么热身运动？哥哥你也快点来！"

敏俊激动万分地朝着大海跑去，"扑通"跳进海水里。

像炉灶上面的煎锅一样让人难受的热，顿时消失了。

"啊，总算凉快了！"

敏俊半躺着，任海浪像摇篮一样荡漾着自己。

"敏俊，快过来做了热身运动再下水！"

哥哥挥手召唤敏俊。

"真是幼稚，还做什么热身运动！"

敏俊冲着哥哥摇摇手。大概是哥哥也无可奈何了，于是摇摇，头自己开始做热身运动。

哥哥抖动抖动胳膊和腿，时而大幅度挥动双臂，做得一点也不马虎。做完原地跳跃和放松运动，哥哥还特意用双手蘸上海水往肚子上、胸口前拍拍，算是整套热身运动做完。

敏俊看着这一切，只觉得好笑和滑稽，忍不住咯咯笑。哥哥不愧是标准的模范生。

"刷——"

回头一看，一股大浪涌来，敏俊被浪推到了上面又缓缓落下，那种感觉真是惬意极了。

"哇哦！"

随着大浪袭来又退去，人们的欢呼声也跟着忽上忽下起伏。突然一个声音靠近，"啪"一声撞到了敏俊身上。

敏俊皱着眉头回过头去看个究竟。

"噢，对不起，我被浪给冲的……"男孩儿万分愧疚地说。

敏俊倒是大度得很，马上笑了笑。

"嘿嘿，没事，又不是故意的。几年级了？"

看着这个年龄和自己相仿的男孩儿，敏俊主动问道。

"我？四年级了，你呢？"

"我也是四年级。"

敏俊就像遇到老朋友一样，笑得很灿烂。他感觉这回不用再去找书呆子哥哥陪他玩，也可以有个玩伴了。

两人结伴随着波涛上下荡啊荡。

这时，有个小男孩儿朝着这边挥手。那孩子套着游泳圈，用小手拨开浪花游过来。

"哥哥，你怎么在这里？他是谁？"

"嗯，这是我刚认识的朋友，叫敏俊哥哥。他是我弟弟，叫宇彬，一年级。"

宇生沉着地介绍着双方，敏俊抚摸着宇彬的头发，笑着心想，这孩子真是太可爱了。

三人在一起围成圈，任波浪一次次袭来，把他们举起来又放下。随后他们又一起玩盖房子。

"你们看！那个大哥哥游泳太帅了！"

敏俊和宇生去看宇彬指的方向。拨开海浪像海豚一样游着的，正是敏俊的哥哥。

"切，那有什么了不起，我更厉害！"

宇彬听了敏俊的话，很是羡慕。

"真的吗，哥哥？我没有游泳圈根本不敢游。"

宇生也无比羡慕地看着敏俊。

"那当然。我不用救生圈也能游得好！"

"哇哦！是真的吗？"

87

宇彬眼睛亮闪闪地看着他。

"那还用说，我的外号可是'海狗'啊。"

敏俊耸耸肩膀，很是自豪。"海狗"这个外号是他的游泳老师给起的。敏俊很有运动天赋，从7岁开始就上游泳特长班。

"你是不是因为就像海狗一样游得好，才有了这个外号呢？"

"那还用说。要不要看看？"宇彬听了拍手叫好。

敏俊雄赳赳地立刻游到海边。

敏俊一把脱掉救生衣，刚要甩到沙滩上，想想还是直接跑到了帐篷那里。

爸爸在帐篷里睡着了，妈妈在旁边躺着看书。敏俊蹑手蹑脚地走过去，将救生衣悄悄放在帐篷旁边，跑回大海里。

看着宇生兄弟俩一直看着自己，敏俊很是得意。

扑通！敏俊跳进水里，熟练地游起来。

因为波浪的阻力，游起来不是很顺利，但是敏俊没有泄气，用力拍打着水。

"哥哥太帅了！我要是能像你游得这么好，那该多好！"

敏俊听到宇彬的话，游得更加起劲，也游得更远。

"别去那儿，敏俊！爸爸说那里危险！"

宇生担心地大声喊。

"别担心，我是海狗，海狗啊！"

敏俊一直向前游，那里已经没什么人了。

"哥哥，敏俊哥哥太棒了。你看，他不穿救生衣都能游那么远。"

"的确游得很好，好羡慕啊！"

敏俊听到宇彬兄弟俩的议论，得意洋洋。

正当敏俊满心欢喜地更加卖力拍水时……

"啊！"

敏俊不由一声尖叫。他感觉右腿肚发胀，就像被什么东西挤压着一样胀痛得难受。

敏俊一下子反应过来自己是抽筋了，他本能地用手去抓右腿，却失去平衡，身子开始往下沉。

嘴和鼻子里灌进海水，呛得难受，感觉眼睛也疼。敏俊慌张地挥动着双手，但是腿疼得难受，竟然手脚都不听使唤了。

疼痛越来越厉害，腿上灌了铅一样僵硬，仿佛整个身子都慢慢往下坠。

"在水里抽筋很容易发生溺水事故，威胁到生命……"

敏俊突然想起游泳老师的话，却一时不知道该怎么办。

敏俊一只手抓着腿，另一只手用力挣扎着，

好让自己不被海水吞没，海水却一个劲地灌进鼻子和嘴里。

　　仿佛整个世界都变成一片漆黑一样，所有声音都变得遥远。

　　就在这时，敏俊突然感到有只手用力往上拽自己。

　　当敏俊清醒时，已经躺在沙滩上了。

一位陌生的叔叔正在用力按他的胸脯，每当用力时，敏俊都会吐出水。腿上抽筋的地方似乎已经好些了，不过还是有些僵硬和疼痛。

敏俊皱着眉头去摸右腿小腿肚。

"啧啧，脚抽筋了是吧？"

叔叔立刻帮敏俊按摩小腿，敏俊感觉疼痛慢慢消失了。

"在水里抽筋很危险。大人都这样，何况小孩

呢。幸亏这两个孩子及时呼救，否则后果不堪设想……"

叔叔朝一边努努下巴。

顺势看过去，敏俊看到宇生和宇彬正在一脸担忧地望着自己。

"谢谢你们……"

敏俊突然感到眼眶一热。

这时，他看到爸爸、妈妈和哥哥拨开水泄不通的人群来到跟前，敏俊也终于忍不住流下两行热泪。

敏俊一家到海边度假，看到大海，敏俊就迫不及待地奔过去，妈妈好不容易才给他套上救生衣。但是敏俊还是懒得做热身运动，就直接跳进了海里。

敏俊为了向新结识的小伙伴炫耀一下，把救生衣脱下，进到海中游泳。没想到突然脚抽筋，沉到海水里，还好被好心的叔叔救了起来。

敏俊由于没在意游泳安全规则，才差点酿成严重后果。请大家记住，游泳前一定要做好热身运动，要避免在禁游区或深水区游泳。

▲ 最好是事先了解人工呼吸的具体方法，以备危险时能急救。

🚗 人工呼吸

将溺水人员拖上岸之后，就要立刻施救。首先将溺水人员的头向后仰，以确保呼吸道畅通，口中若有异物需取出。溺水人员可以呼吸，且脉搏正常跳动时，表明有生命迹象，这时可以让其躺好，等待救护车。如果已经停止呼吸，则应立刻做人工呼吸：将溺水人员头部向后仰，以确保气道畅通，捏住鼻子，口对口用力吹气，使其的胸脯有起伏运动。人工呼吸以每分钟10~12次为宜。

发生戏水意外时的急救措施

1 溺水时大幅度挥动双臂，呼救。在水里保持放松，使自己浮到水面上。

2 看到有人溺水时，应大声呼救引起周围人的注意力。寻找身边的救生圈、绳子、长杆，扔向溺水者身边。

3 有些人跳水时会伤到胫骨。这时要用结实的东西固定脖颈，联系救护车。

4 不小心踩到玻璃时，不要硬性取出，要立刻叫救护车。用清水清洗伤口附近，如果出血，用毛巾等按住，及时止血。

▲ 在海边跳水时，要避免被岩石磕伤头部。

▲ 玩水时救生设备可能漏气或发生颠覆，应该特别留意。

一 在大海中戏水时的安全事项

1. 进水前用水依次蘸湿腿、胳膊、脸、胸，再下水。从远离心脏的部位开始蘸湿，以缩小体温和水温之间的差距。

2. 不要因为自己水性好，就不带必要的保护装备，也不可盲目进入深水区。务必穿好救生衣或游泳圈。

3. 游泳圈和水皮球毕竟不是专用救生装备，所以不能太心存大意。

4. 不在无人区游泳，必须在救生员管辖区游泳，并服从救生员的管理。

下水前务必做好热身运动

二 如何在溪谷安全戏水

1. 不光脚去踩被太阳晒得灼热的岩石。

2. 潮湿岩石上和水中石头上覆盖的苔藓很滑，走动时一定要注意安全。

3. 不在浅水区做跳水运动。

4. 不靠近水流湍急的水区。

5. 下雨后水面会上涨，应避免戏水。

6. 不在贴有"禁止游泳"或"危险"的警示牌区域玩水。

7. 身上起鸡皮疙瘩，嘴唇发紫时，应立刻停止戏水。

被水淹没的岩石滑溜溜的，很危险

三 游泳馆安全事项

1. 游泳馆的地面湿滑，不能随意追赶奔跑。

2. 饥饿或过饱时，禁止游泳。

3. 玩水上滑梯时，一定要握紧游泳圈。

4. 抽筋或身体不适时，应立即上岸。

5. 不在游泳的人群中潜水玩耍。

要听从救生员
的指挥哦

6. 游泳 50 分钟后，必须上岸休息 10 分钟。

7. 不在游泳池的排水口周边玩耍，以免排水时被吸入。

8. 同伴在水里玩耍时，不去拽伙伴的脚，或进行其他恶作剧。

这一点
很重要哦!

正式下水前的注意事项

突然进入凉水中，很容易引发肌肉痉挛，所以应做热身操，
使身体各部位柔软后再下水。

◎入水前的注意事项

★ 餐后或身体疲劳时避免下水。

☆ 了解水流的温度、深度后，再下水。

★ 提前如厕，再进水。

在冰面上摔倒

"到底藏哪儿了？"

敏俊翻遍客厅的每个角落，甚至沙发后面的死角和橱柜里面也没放过，却还是没找到电脑电源。会不会像上次那样藏到煮锅里面了？于是敏俊又把叠放在一起的锅具一个一个翻找，却还是没有。

"我是让你到外面蹦蹦跳跳撒欢地玩，不是让你玩电游！"

妈妈就是不想让敏俊成天坐在电脑前面玩游戏，才会想出这个办法。

"切，我哪有玩游戏啊，明明是射击练习嘛……"

敏俊瘫坐在沙发上，感觉实在是郁闷。天这

么冷，去哪里玩都不合适。小舒和小虎呢一到假期就更忙，上完这个补习班还要上那个，根本不能陪他玩……

"哼，妈妈一点也不了解我，都不知道我待在家里有多闷……"

敏俊叹了口气。突然眼睛一亮。

"对了，我怎么没想到……"

敏俊悄悄来到哥哥房前，忍不住偷笑。

他记起第一次他是在卧室里找到电源，还有一次是在客厅找到，这次肯定是藏到哥哥屋子里了。

敏俊刚要伸手去抓门把手时，听到哥哥在打电话。

"溜冰场？都谁去啊？"

敏俊一听立刻来了兴致。

"溜冰场？"这个词一下子吸引了他。于是屏住呼吸把耳朵贴在哥哥房门上。

"好，那一会儿见！"

"耶！"

敏俊恨不得高呼万岁，却忍住没出声。反正现在电源找不到，又没人陪着玩，不如……

敏俊立刻钻到自己屋子里。他打算提前做好准备，等哥哥出门时立刻紧跟着他。

敏俊换好衣服，拿好公交卡走出房间，刚好跟哥哥撞上。

"我知道哥哥要去哪儿。溜冰场，我说对了吧？"

"那又怎样？"

哥哥眯着眼若有所思地看着敏俊，敏俊赶紧扯着哥哥的胳膊，一脸灿烂。

　　"嘻嘻，把我带上吧！"

　　"你去干吗？我不是一个人，还有些朋友呢！"

　　哥哥拉开敏俊，觉得他不可理喻。

　　"行，不带我也行，但是必须让我跟着，这总可以了吧？"

　　"不行，要是带上你，大家都玩不好。"

　　哥哥皱着眉头。

101

“放心吧！哥哥你跟你的朋友玩，我玩我自己的，行不行吗？”

“不行，绝对不行！”哥哥大声说。

没想到把妈妈给惊动了。

“妈妈，我要跟着哥哥去溜冰场！”

敏俊看到妈妈走出来，又跑到妈妈跟前撒娇。那表情要多可怜有多可怜。

“妈妈，不可以！您不是也知道弟弟，他动不动就闯祸，要是跟着我去了，指不定又出什么事呢！”

还没等妈妈开口，哥哥就连连挥手拒绝。

"不会的，哥哥！我保证一定不闯祸！"

"是啊，敏秀。弟弟在家顶多是窝在房间里，你就领他出去玩吧。他自己会溜冰，你不用管他，让他自己玩。"妈妈也劝说哥哥。

哥哥很不情愿地撅着嘴，勉强点了点头。

"你要是敢给我闯祸，我可饶不了你！"

哥哥走出大门时，冲着敏俊瞪眼。

敏俊点点头，像蝴蝶一样轻飘飘地走在结了冰的下坡道。想到一会儿在溜冰场可以玩警察抓

小偷，可以像闪电一样驰骋在冰场，敏俊觉得心花怒放。

终于到了溜冰场，由于是假期，溜冰场很热闹。看到像燕子一样滑过冰面的人，敏俊迫不及待想要溜冰。

"慢点滑！"敏俊正欲走进冰场，哥哥冲着他叮嘱道。

"不用担心！管好你自己吧！"

敏俊赶紧把哥哥推向他的朋友群里。哥哥不放心地回头看看弟弟，每当这时敏俊就故意装出一脸天真无邪的样子，笑着冲哥哥挥手。

等到走出哥哥的视线了，敏俊露出了调皮的本色。

"借光借光！警察来也！"

敏俊缓缓向前滑行，在人群中搜索着目标。

他看到有些孩子三三两两地聚在一起溜冰，有些孩子蹒跚得像企鹅一样慢慢挪动……

突然，敏俊的目光落在了一个男孩身上。那孩子虽然个头不高，却如同冰场上的飞燕一般娴熟地穿梭在人群中。

"锁定目标！追击小偷！"

敏俊心血来潮开始追赶那个男孩。

大概滑到两圈时，敏俊像箭一样擦过男孩身边，超在了前面。

"耶，搞定！"

敏俊暗暗高兴。去年央求着妈妈上了溜冰精讲班，看来没有白交学费。

敏俊觉得既然想当个警察，就要全面发展。

连续追赶三四名"小偷"之后，敏俊觉得警察追小偷的游戏也无聊了。

正当敏俊垂头丧气地走向休息室时，两个年龄和他相仿的孩子像两匹黑马一样出现在眼前。

不仅速度快，身姿也相当矫健，看得出溜冰实力不凡。

"来得正好，把这两个也搞定再去休息。"

敏俊朝着那两个孩子方向滑去。

当然，敏俊一边滑，一边没忘隐蔽自己。因为要当个好警察，肯定不能打草惊蛇。

他看到那两个孩子停下来喘着气休息。正当敏俊偷窥时，突然，其中的高个头看过来。

"咦？那是谁？"

敏俊听了心里咯噔一下。

"不知道，好像从刚才开始一直盯着我们……"

穿黄色T恤的稍小男孩儿朝着敏俊瞟了一眼，附和道。

"糟糕，竟然被发现了，看来敌人不可轻视啊。"

敏俊若无其事地转过头。谁知，那个高个子竟然气势汹汹地滑了过来。

"喂，你干吗总跟着我们？"

高个子一副马上要狠狠给敏俊一拳的架势。

敏俊紧张得心脏扑通扑通地跳，却强压着害怕和对方针锋相对起来。他觉得想要当个名副其实的警察，这点危险应该可以应付得了才行。

"说啊，你为什么总跟着我们？"这回，穿黄T恤的孩子接腔说。

"因为我是警察啊。"

敏俊不知不觉挺起胸膛。

瞬间，两个孩子的眼睛也炯炯有神起来。

"原来你是想跟我们玩警察抓小偷啊？"

"那我们是小偷了？切，让他尽管追试试。"

穿黄T恤的男孩这么一说，大个子哈哈笑了起来。敏俊看到他眼睛里满是讥讽。

"哼，追就追，别以为追不到！"

敏俊咬着牙，全力以赴追赶两人。大个头仿佛要故意气他一样，穿梭在人群中，十分得意。

敏俊加快速度，可是每次都是马上要抓住的时候，对方却又嗖地往前加快速度。敏俊只好继续用力追赶。追了几分钟，敏俊终于可以用指尖

触碰到大个头的
衣襟了。

　　"抓住了！"

　　敏俊刚要一把拽过来，大个头却敏捷地转身，
竟然朝着反向滑，还没忘回头，吐舌头扮鬼脸。

　　"冒牌警察，就这样还想抓我！"

　　"你敢取笑警察？"

　　敏俊也跟着往反方向滑。

　　"喂！你们干吗？"

　　"让开！让开！怎么往反方向溜冰啊？"

　　人群里连连爆发出尖叫声。人们如同惊弓之
鸟，都仓促躲避这两个冒失鬼。

这一骚动，导致滑道上快速溜冰的人们撞的撞、碰的碰，一个个摔倒在地，就像多米诺骨牌一样。溜冰场内一片狼藉。

敏俊呢，已经是恼羞成怒，一心要抓到这个大个头解恨。正当他一把揪住大个头的衣襟时，后面传来气急败坏的声音。

"喂，你们在这里干什么？不像话！"

回头一看，是溜冰场的场内安全工作人员气势汹汹地赶了过来。

敏俊大吃一惊，想停住，却被人撞倒在地上。敏俊不由发出呻吟。触到冰面的一瞬间，敏俊右胳膊钻心地疼。

"你们搞什么名堂？你们看看，弄得大家多危险！"

工作人员怒不可遏，一把扯住敏俊的胳膊就要走。

"啊！"敏俊尖叫一声。

"请等一下！这孩子应该是胳膊受伤了，让我来帮他检查一下。"

一个陌生叔叔走过来制止。

"你是大夫吗？"

叔叔点点头，小心察看胳膊的情况，轻轻按着各个部位。每当用力时，敏俊都感到疼得厉害，忍不住嗷嗷叫。

"还是先挪到场地外面吧。"

叔叔说完，敏俊便被抬到了担架上。

"敏俊，是你吗？敏俊！"

是哥哥。敏俊听到哥哥有些歇斯底里地喊他。

"轻点，我疼，哥哥！"

敏俊躺在担架上呜咽着。

一阵痛袭来，敏俊疼得没法说话。

"我不是说了，别让你跟过来，你看你！"哥哥哽咽着说。

"别担心，胳膊脱臼了，一会儿复位就没事了。"医生叔叔安慰着哥哥。

担架被轻放下来。医生叔叔让敏俊躺好，扶起他的胳膊，左右调整着角度用力，敏俊连连发出尖叫声。

突然咯噔一声，疼痛神奇般地瞬间消失了。

"叔叔，太神奇了，我现在不疼了！"

敏俊眼泪汪汪地看着叔叔。

"嗯，脱臼的胳膊已经复位了，应该没事了。但是以后一定要小心一些。因为脱臼一次，就很容易习惯性脱臼。"

叔叔叮嘱完，便朝着溜冰场大步走去。

哥哥连连冲着叔叔道谢。

"真的没事吗？不用我给妈妈打电话？"

敏俊点点头，还特意动了动右臂让哥哥放心。

哥哥这才松了口气，面露微笑。

"你是不是又玩什么警察抓小偷了？要是警察都像你这样疯疯癫癫，那还了得？警察也不能没组织、没纪律乱来啊。你看看，刚才因为你，多少人都摔伤了？"

敏俊愧疚地咬着嘴唇，哥哥说得没错。

"你看看咱们叔叔，人家当警察，什么时候像你这样不稳重了？"

敏俊想了想，似乎的确没见过叔叔什么时候火急火燎的样子。当警察的叔叔，动作总是那样快而准确。敏俊一下子羞愧得低下了头。

"并不是光体育好就能当警察了，还要多看书、好好学习、深思远虑，这样才能动脑子去抓坏人、保护群众，做一名真正的警察。"

哥哥的话句句说到了敏俊的心坎里。

从弄碎灿宇的眼镜，到被倒挂在攀爬网上出丑，再到差点被水淹死……敏俊想起这些，突然意识到自己不但没能保护好别人，还总是闯祸，真是羞愧死了。

"哥，是不是我这样的人，当不了一个好警察呢？"敏俊不自信地问。

"傻瓜，谁说你不能当一个好警察了？现在开始努力就可以了。你才 11 岁啊。"

"才 11 岁？"

"对，'才'11 岁，来得及！"

哥哥灿烂地笑着。

敏俊觉得顿时全身都充满了朝气与希望。

"走，到休息室去，哥哥给你买好吃的！"

敏俊觉得太阳真是从西边出来了。

"真的？抠门的哥哥还会请客？"

刚说完他就后悔了，偷偷去看哥哥，因为哥哥最讨厌人家说他抠门。

咦？哥哥不仅没有生气，还乐呵呵地一把揽过他的肩膀。此刻敏俊感受到了哥哥的宽厚和爱，敏俊开心地笑着也轻轻搂住了哥哥。

到了溜冰场，敏俊又异想天开，把自己想象成警察，把想象中的对手统统都超过去。后来敏俊遇到两个厉害的小对手，于是三人追赶着玩。当敏俊刚要抓住那个男孩时，男孩突然朝反方向滑，于是敏俊也一路反方向追赶，溜冰场内顿时一片骚动。人们为了躲闪，摔的摔，倒的倒，敏俊自己也摔得胳膊脱臼。

如果敏俊能遵守安全溜冰规则，就不会发生这一切了，更不会让自己受伤。溜冰场经常发生因为相撞跌伤的事故，所以更应该注意安全。

▲ 溜冰场和滑雪场容易发生骨折事故。

🚒 溜冰场事故类型

溜冰场和滑雪场发生的最多事故就是因为摔倒骨折。其次是别人摔倒时被碰倒压伤。此外，手腕或脚踝扭伤事故也较多。冬季，湖水和河流冰面破裂发生落水的事故也较多见。在冰面上用力跺脚，或者为了冬钓打破冰窟窿时，都容易发生落水事故，因此要格外注意安全。

溜冰安全事项

1 穿大小适合的溜冰鞋站在冰面上，并且佩戴手套。

2 压低重心，两脚并排站好。膝盖弯曲越低，姿势越安全。

3 前进时呈 60°，一步一步慢慢滑行。

4 等可以熟练移动时，两脚交替用力，向前滑行。

5 滑行过程中站定时，双脚脚尖并拢，呈"∧"状。

▲ 溜冰过程中有节奏地摆动双臂，以保持身体平衡，避免摔倒。

一 滑雪场安全事项

① 溜冰场规定滑行时务必按照逆时针方向，进入冰场必须遵守此项规则。

② 三四人结伴滑冰危险，避免多人并列滑行。

③ 冰面上哪怕很小的障碍物，都会导致溜冰者摔倒，所以避免往冰面上随意丢东西。

应和前面滑行的人保持一定的距离

④ 多人向一个方向滑行时，从中间突然穿过很危险，应禁止这种行为。

⑤ 滑冰时两个膝盖不要张开，踏着冰面滑行。

二 滑雪场注意事项

① 滑雪板尽量选适合自己脚大小的尺寸。

② 必须穿好滑雪服，戴好护手手套、滑雪护目镜等装备。

③ 滑雪之前做好热身运动，放松肌肉。

④ 在滑雪道上摔倒时，应立即远离滑道。

⑤ 沿着坡道上去时，应靠着滑道的两边行走。

⑥ 滑倒时，应把重力着重放到臀部。

⑦ 可能撞到别人时，应大声呼喊引其避让，或改变方向，尽量避免撞上。

三 冬季游玩注意事项

① 打雪仗时，避免雪团里夹杂石块儿或泥土。

② 在冰面溜冰时，要多加小心，避免穿鞋底太滑的鞋子。

③ 在江河冰面玩雪橇或溜冰时，务必确认好结冰是否牢固。

④ 不要在车辆往来的道路附近溜冰玩，也不要在坡度大的地方行走。

⑤ 穿舒适、保暖的外套，戴好手套和帽子再出去玩，以免感冒。

> 雪地上应
> 小心行走

快乐的雪橇

坐上宽敞的雪橇，驰骋在白皑皑的雪上，别提有多开心了。在冰面上玩雪橇，同样是一件很兴奋的事情。玩雪橇可以帮助孩子增强御寒能力，是一项非常有益的活动。

©各种各样的雪橇

☆ 寒冷多雪的地方，驯鹿或狗拉雪橇是重要的交通工具之一。

★ 雪橇项目中有长橇比赛，是一种坐在雪橇上沿着曲折、倾斜度很大的冰面上急速下滑的比赛。

119

安全心得

安全心得

图书在版编目（CIP）数据

敏俊的游乐历险记：游玩安全 / [韩] 李敬顺著；李贵顺译 .
——济南：山东科学技术出版社，2014.8
ISBN 978-7-5331-7591-7

Ⅰ . ① 敏 ... Ⅱ . ① 李 ... ② 李 ... Ⅲ . ① 安全教育－少儿读物
Ⅳ . ① X956-49

中国版本图书馆 CIP 数据核字 (2014) 第 176172 号

안전하게! 신나게!

图字 15-2013-144

儿童安全童话
敏俊的游乐历险记 —— 游玩安全

[韩] 李敬顺/著
[韩] 朴笑英/绘
李贵顺/译

出版者：山东科学技术出版社
地址：济南市玉函路 16 号
邮编：250002　电话：(0531)82098088
网址：www.lkj.com.cn
电子邮件：sdkj@sdpress.com.cn
发行者：山东科学技术出版社
地址：济南市玉函路 16 号
邮编：250002　电话：(0531)82098071
印刷者：济南鲁艺印刷有限公司
地址：济南工业北路182－1号
邮编：250101　电话：(0531)88888282

开本：850mm×1168mm 1/32
印张：4
版次：2014 年 10 月第 1 版第 1 次印刷

ISBN 978-7-5331-7591-7
定价：18.20 元

Contents

Chapter One

美味序曲：走进百变的意大利面

Chapter Two

热情烟火：红酱意大利面

Chapter Three

清新翡翠：青酱意大利面

050　特色青酱做起来

Chapter Six

异域风情：混搭意大利面

Chapter One

美味序曲：

走进百变的意大利面

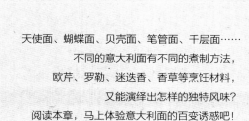

天使面、蝴蝶面、贝壳面、笔管面、千层面……
不同的意大利面有不同的煮制方法，
欧芹、罗勒、迷迭香、香草等烹饪材料，
又能演绎出怎样的独特风味？
阅读本章，马上体验意大利面的百变诱惑吧！

意面种类认清楚

　　意大利面是意式美食重要的组成部分，也是欧洲绝大多数餐馆的必备美食之一。意大利面又称意面或意粉（其中空心的种类也可称作通心粉），是西餐品种中最接近中国人饮食习惯、最容易被接受的。

　　意大利面之所以如此有名，与它的品质分不开。在意大利本地，意大利面被规定必须采用100%Durum Semolina优质小麦（杜兰小麦）面粉及煮过的良质水制作，不能添加色素和防腐剂。杜兰小麦是最硬质的小麦品种，具有高密度、高蛋白质、高筋度等诸多特点，用其制成的意大利面通体呈黄色，耐煮，口感非常好。下面就为大家介绍一下意大利面的主要类型：

Spaghetti
长形意大利面

水煮时间：8～10min

长形意大利面是最传统的意大利面，也是我们日常生活中最常见的意大利面，可以说是意大利面中百搭的基本款。这款意面，无论是和红酱、青酱，还是和白酱、黑酱，都能搭出令人难以抗拒的美味。

Capellini
天使细面

水煮时间：5～8min

天使细面还有一个浪漫的名字，叫"天使的发丝"。这款意面的形状非常细长，就像传说中天使顺滑的秀发一样，所以得此名。比起长形意大利面，天使细面更适合用来制作汤面或者凉面，能够彰显其口感。

Farfalle
蝴蝶面

水煮时间：10～12min

蝴蝶面的形状如同一个个可爱逗趣的小蝴蝶结，因此称作蝴蝶面，深受儿童和女生们的喜爱。蝴蝶面两侧细柔，而中间较为厚实，其造型非常容易粘裹面酱，能够让面酱和面两者紧密结合，邂逅出浓郁的美味。

Conchiglie
贝壳面

水煮时间：8~10min

贝壳面就像海滩中一个个饱满的小贝壳，形状和纹路以及开口使得它非常容易粘裹酱汁，所以用来搭配酱汁或者焗烤是不错的选择。此外，它的颗粒细小且口感独特，非常适用于面条汤或冷面、沙拉等清爽的菜式。

Penne
笔管面

水煮时间：8~10min

笔管面两端尖头，中间空心，表面略带纹路，也属于容易粘裹酱汁的类型。相较于圆润的贝壳面和蝴蝶面，中空外直的笔管面口感会更加干脆利落，一般适用于浓郁的酱汁或是奶酪焗烤的口味。

Fettuccine
宽扁面

水煮时间：8~10min

宽扁面比较粗厚，吃起来Q弹，有嚼劲，卷成一团，又称为鸟巢面，因为面条比较宽，适合搭配味道浓郁的酱汁，如白酱和青酱。

Fusilli
螺旋面

水煮时间：8~10min

螺旋面就像放大版的螺丝钉，其螺旋的形状能更好地将酱料卷起，是最适合用于制作沙拉的意大利面之一。比起普通的短直面，螺旋面的口感独特，弹性十足，能够给人新鲜的味觉体验。

Lasagne
千层面

水煮时间：5~7min

千层面通常是在新鲜面皮中间夹入肉馅、奶酪或是蔬菜，然后层层叠起，大多为方形，用焗烤的方式料理而成，有时还会淋上一层用无盐奶油制成的白酱汁。一般家庭做千层面的话，比较出名的是肉酱千层面或者是奶酪千层面。

煮对方法才地道

　　不同的意面的煮法有所不同，只有用正确的方法来煮不同的意面，才能够让它们最大地发挥自己的美味。就让我们来看看它们的最佳水煮方式吧！

长意面煮法

❶ 锅中注水煮沸，倒入适量盐，煮至溶化。

❷ 将长意面散开放入沸水锅中。

❸ 用夹子旋转，使意面完全浸入水中，保持汤汁沸腾。

❹ 捞出意面，沥干水分即可。

千层面煮法

❶	❷	❸	❹
锅中注水煮沸，倒入适量盐，煮至溶化。	倒入千层面，用筷子反复搅动，煮约7分钟。	捞出千层面，放入冰水中冷却一会儿。	用纱布将千层面包裹至使用。

蝴蝶面煮法

❶	❷	❸	❹
锅中注入适量清水，煮沸。	倒入适量盐，煮至溶化。	倒入备好的蝴蝶面稍煮，用筷子将面条拨开。	煮至蝴蝶面完全散开，捞出沥干即可。

常用材料知多少

　　想要展开意大利面的美味之旅，感受味蕾的惊喜体验，首先要对其常用材料有所了解。以香料为例，香料是西餐中常用的调味品，种类多，常被种在厨房窗台的花盆里或者门口的花丛中，烹饪的时候随时可以摘一些来用。如果没有种植香料的条件，也可以去大型超市选购，有新鲜的也有干燥的，新鲜的不耐储存，每次不宜多买，干燥的则可以放在家中常备。

1 欧芹

欧芹含有大量的铁、维生素A和维生素C，是一种香辛叶菜类。在意面的制作中，多用于菜肴上的装饰，也可作香辛调料，还可供生食，用于消除口齿中的异味。

2 罗勒

罗勒可用作比萨饼、意面酱、香肠、汤、淋汁和沙拉的调料。在意面的制作中，常用罗勒来代替比萨草。罗勒非常适合与西红柿搭配，无论是做菜、熬汤，还是做酱料，风味都非常独特。

3 迷迭香

在西餐中，迷迭香是经常使用的香料，在牛排、土豆等料理以及烤制品中经常使用。其清甜带松木香的气味，甜中带有苦味，香味浓郁，能增添意面的风味。

4 香草粉

在各式饮品、西点中，如咖啡、冰激凌、巧克力等，香草粉能使其味道更甜美。此外香草粉也用于意面制作，其独特的香气能让一些味道比较清新的意面更美味。

5 橄榄油

橄榄油是意大利面的标配，它本身具有独特的气味，与意大利面的烹调相得益彰。用橄榄油拌过的意大利面，色泽鲜亮，口感爽滑，气味清香，有着浓醇的地中海风味。

6 黑橄榄

对于盛产橄榄的意大利来说，除了意大利面的烹调基本上都使用橄榄油之外，黑橄榄的运用也引为经典。黑橄榄营养丰富，含有大量钙质及维生素C，易被人体所吸收。将其去核后可随个人喜好加入意大利面中，可整颗也可切圈加入，无论是装饰还是增香，都别有一番风味。

7 芝士

芝士是一种发酵的奶制品，营养丰富，既可直接食用，又可用来烹饪，被广泛应用于白酱意大利面及青酱意大利面里，既起到装饰作用，同时浓郁的芝士味又给意大利面增加了独特的风味。

8 培根

培根又名烟肉，是用猪胸肉或其他部位的肉熏制而成。培根中含有丰富的磷、钾、钠，其外皮油润有光泽，皮质坚硬。瘦肉呈深棕色，质地干硬，切开后肉色鲜艳。炒熟后的培根十分美味，是意大利面里常备的食材。

9 红葱头

红葱头又名小干葱，属于洋葱的一个变种，原产于中东。相对于洋葱而言，红葱头的香味更浓，而其刺激气味与大蒜相比则相对柔和。可将红葱头切碎、切丁或剥成片加入意大利面里，不仅增色提香，还能提升意大利面的口感，带来别样风味。

餐后甜点选什么

　　享用了意大利面的美味，香浓滋味尚存舌尖，这时候如果上一道清爽的餐后甜点真是再适合不过了，留给你的味蕾一场香醇与清甜的碰撞。

水果蜜方

材料
西柚70克，猕猴桃50克，吐司2片，奶油适量，提子1个

■ 以多彩的水果为主角，包裹在吐司与奶油的绵密里，邂逅出舌尖的另一抹绝味。

做法
①洗净去皮的西柚、猕猴桃均切成片。
②吐司用磨具压成圆片。
③往吐司上挤上适量的奶油，放上一片西柚、吐司片。
④摆上吐司，用模具压成圆片。
⑤挤上奶油，铺上猕猴桃，再挤上奶油，放上提子点缀即可。

简易芒果布丁

材料
芒果肉80克，吉利丁片4片，牛奶250毫升，芒果布丁粉30克

■ 嫩滑的布丁，点缀着粒粒芒果，小巧趣致，人见人爱。

做法
①将吉利丁片放入凉水中泡软，捞出沥干。
②奶锅置于灶上，倒入牛奶和部分芒果肉，开小火煮至果肉溶化。
③倒入芒果布丁粉，匀速搅拌使其溶化。
④加入泡软的吉利丁片，搅拌均匀。
⑤将煮好的材料倒入模具，放凉，放入冰箱冷藏1小时使其完全凝固。
⑥取出，摆上余下的芒果肉点缀即可。

意大利奶酪

材料

细砂糖55克，牛奶250毫升，朗姆酒适量，吉利丁片3片，淡奶油250克

■ 具有意大利特色的奶酪，浓郁的奶香袭来，入口即化。

做法

①将吉利丁片放进清水中浸泡至软，沥干水分，备用。

②把牛奶、细砂糖倒进奶锅，开小火，拌匀至细砂糖溶化。

③加入泡好的吉利丁片，搅拌至溶化。

④倒入淡奶油、朗姆酒，拌至溶化后关火。

⑤将拌好的材料倒入备好的模具杯，放凉，再放进冰箱冷藏半小时，取出即可。

提拉米苏

材料

吉利丁片、蛋黄各15克，细砂糖57克，手指饼干碎、可可粉各适量，植物鲜奶油、芝士各250克，水50毫升

■ 意式甜点的经典之作，绝不可错过。不是纯粹的甜，而是甜中带有微微涩味。

做法

①奶锅置于灶上，倒入细砂糖、水，开小火搅至溶化。

②放入泡软的吉利丁片，加入植物鲜奶油、芝士，搅拌片刻，使食材完全溶化。

③关火，倒入备好的蛋黄，稍稍搅拌一会儿，使食材充分混合。

④将手指饼干碎均匀地铺在模具底部。

⑤倒入调好的芝士糊，晾凉，放入冰箱冷藏1小时。

⑥取出，均匀地筛上可可粉即可。

意面保存有讲究

　　为了随时随地都能吃到美味的意大利面，我们要学会保存意大利面。如何保存意大利面呢？我们直接进入主题，现在就来讲解一下意大利面的保存方法。

　　意大利面的保存方法分为2种：

1 干燥意大利面的保存方法

　　市面上出售的拿取方便的干燥意大利面较之新鲜的意大利面来说，更容易长时间保存。但是，市面上所卖的意大利面包装袋上所标识的食用期限是指在未开封的状态下，因此当我们买回来打开吃了一部分后，那么剩下的就必须放入密封容器中保存（还可以放入干燥剂），以防止霉菌和虫害。

　　另外，干燥意大利面的黏度硬度都被抽离，因此还是建议大家开封后尽快吃完。保存干燥意大利面，应尽量避免放在水槽下或外推窗户的上方等湿气重或太阳可以直接照射的地方。

2 新鲜意大利面的保存方法

　　对于新做好的意大利面，在当天食用味道最佳，最好在制作的当天全部食用完。如果不小心做多了，可以用冷藏、冷冻、干燥这三种方式来保存。

　　冷藏保存新鲜意大利面的方法是将新鲜意大利面煮2~3分钟，起锅沥干水分，然后在沥干水分的意大利面上淋上橄榄油，使其不至于干燥或粘连，然后装入密封袋中，再放入冰箱里。冷冻保存方法是将新鲜的意大利面干燥30分钟，再放入密闭容器内，然后放入冰箱冷冻起来（1个月左右，不能保存太久，时间过长会损失意大利面的原味）。干燥保存方法是在平台上一根根地将意大利面摊开，放在通风良好的地方待其完全干燥后，可在干燥的常温中保存1个月时间。

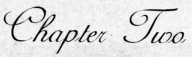

Chapter Two

热情烟火：

红酱意大利面

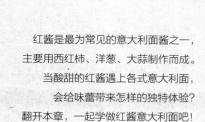

红酱是最为常见的意大利面酱之一，
主要用西红柿、洋葱、大蒜制作而成。
当酸甜的红酱遇上各式意大利面，
会给味蕾带来怎样的独特体验？
翻开本章，一起学做红酱意大利面吧！

特色红酱做起来

　　意大利红酱（Tomato Sauce）是意大利菜常见的酱料之一，主要由西红柿制成，多用于比萨、意大利面等。红酱是意面的基础酱料，也是最为国人所接受的酱料，搭配各种意面都很适合。虽然红酱可以在市面上直接购买，但自制的红酱浓度更合适，并且口味更个性化。关键是经过炒制后，各种味道融合得很透彻，从而产生出一种更柔和的复合口味。做好的红酱在冷藏状态下可放置4~5天，封入罐中冷藏可保存1个月左右。下面就教大家制作两款特色红酱。

红酱

制作时间：3min

材料：去皮西红柿块200克，洋葱碎、蒜末、综合香草、黑胡椒碎、番茄酱各适量，盐少许，黄油20克

做法：

①平底锅用小火加热，放入黄油烧溶，加入洋葱碎和蒜末，炒至变色。

②加入去皮西红柿块翻炒，用铲子将其切碎，炒至糊状。

③加入综合香草、黑胡椒碎、番茄酱、盐，炒至酱汁收稠即可。

茄汁肉酱

制作时间：8min

材料：牛肉碎150克，洋葱碎、蒜末各适量，番茄块、去皮胡萝卜块各50克，番茄酱100克，黑胡椒2克，盐、比萨草各少许，橄榄油30毫升

做法：

①牛肉碎加少许盐拌匀，腌渍5分钟。

②锅中注入橄榄油烧热，加入蒜末、洋葱碎、番茄块、去皮胡萝卜块翻炒。

③加入牛肉碎、番茄酱、盐、黑胡椒、比萨草，炒至酱汁收稠即可。

NO.1

诱惑指数：★★★★

份量／1人份

西蓝花红酱意面

材料

熟螺旋面140克，蒜末适量，西蓝花80克，胡萝卜40克

调料

红酱2大匙，橄榄油1大匙，盐、黑胡椒粒各适量

Tips

可以提前对西蓝花进行氽煮，减少后面翻炒的时间，从而保持西蓝花的美观度。

做法

1. 洗净的西蓝花切小朵；胡萝卜洗净切菱形块。

2. 锅中注橄榄油烧热，倒入蒜末爆香。

3. 加入西蓝花、胡萝卜翻炒均匀。

4. 倒入熟螺旋面、红酱、盐，翻炒均匀。

5. 盛盘，撒上黑胡椒粒即可。

NO.2

NO.3

诱惑指数：★ ★ ★

份量／1人份

杏鲍菇红酱面

材 料

熟贝壳面100克，杏鲍菇2朵，上海青2棵，奶酪丝50克

调 料

红酱2大匙，橄榄油1大匙，盐、黑胡椒粒各少许

做 法

1. 杏鲍菇洗净切块；上海青洗净切段备用。

2. 平底锅中加入橄榄油，再加入杏鲍菇和上海青，以中火爆香。

3. 加入熟贝壳面和奶酪丝翻炒均匀。

4. 加入红酱、盐、黑胡椒粒一起搅拌，让汤汁略煮至稠状即可。

诱惑指数：★ ★ ★ ★

份量／1人份

什锦菇面

材 料

熟长意面150克，西红柿块40克，鲜香菇30克，秀珍菇20克，蒜10克，罗勒叶少许

调 料

盐适量，红酱2大匙，橄榄油1大匙

做 法

1. 鲜香菇、秀珍菇、蒜切片。

2. 平底锅中倒入橄榄油，油热后放入蒜片炒至金黄色。

3. 放入所有菇类食材，以小火拌炒1分钟。

4. 加入西红柿块翻炒；继续加水略煮拌匀。

5. 放入熟长意面，加盐和红酱调味即可。

份量／1人份

西红柿酿肉酱意面

当开胃的西红柿邂逅爽脆的胡萝卜、微辣的洋葱和馥郁的香草，你的味蕾将享受一次愉悦的舞动，配合焦香的培根，让人一试难忘！

材 料

熟贝壳面150克，西红柿3个，培根末、胡萝卜末各适量，洋葱末、大蒜末各适量，香草碎、欧芹碎各少许

调 料

茄汁肉酱2大匙，橄榄油1大匙，白葡萄酒适量，盐少许

做 法

1. 西红柿开盖，挖去内心。

2. 加上盐、白葡萄酒、橄榄油、香草碎腌渍10分钟。

3. 腌渍好的西红柿放入烤箱中，以180℃烘烤3分钟。

4. 平底锅淋入橄榄油烧热，倒入大蒜末、洋葱末炒香。

5. 加入培根末、胡萝卜末、熟贝壳面、茄汁肉酱翻炒均匀。

6. 取出烤好的西红柿，将炒好的意面装入烤好的西红柿中，点缀上欧芹碎即可。

Tips

腌渍时要注意先放盐再放油，以免盐漂浮在油上方，起不到腌渍的效果。

NO.5

NO.6

份量／1人份

竹笋红酱面

材 料

熟宽扁面、竹笋各100克，胡萝卜50克，香芹末适量

调 料

红酱2大匙，橄榄油适量，盐、黑胡椒粒各少许

做 法

1. 将竹笋去壳洗净，切丝；胡萝卜洗净切丝。

2. 平底锅加热，倒入橄榄油；加入竹笋丝、胡萝卜丝，以中火爆香。

3. 加入熟宽扁面，拌炒均匀。

4. 加入红酱、盐、黑胡椒粒，翻炒均匀。

5. 盛盘，撒上香芹末即可。

份量／1人份

黄油红酱面

材 料

熟笔管面100克，黄油30克，青椒1个，黄甜椒1/3个

调 料

红酱2大匙，橄榄油1大匙，盐、黑胡椒粒各少许

做 法

1. 青椒、黄甜椒洗净切条，再切菱形块。

2. 平底锅热锅，加入黄油溶化。

3. 加入青椒、黄甜椒，用中火爆香。

4. 加入熟笔管面和所有调料，翻炒均匀即可。

诱惑指数：★★★★

份量／1人份

田园风味红酱意面

鲜甜的西葫芦，绵软的茄子，爽脆的胡萝卜，与劲道十足的意大利面完美搭配，加上酸甜可口的红酱，让人大快朵颐！

材 料

熟宽扁面140克，茄子50克，西葫芦、胡萝卜各40克，蒜末6克

调 料

红酱2大匙，橄榄油、盐各适量

做 法

1. 洗好的茄子、西葫芦、胡萝卜切成扇形片。

2. 平底锅淋入1大匙橄榄油加热，放入西葫芦、茄子、胡萝卜炒软。

3. 加入盐，加盖用小火焖煮7分钟，盛出冷却。

4. 平底锅淋入1大匙橄榄油，倒入蒜末，炒至微黄。

5. 倒入煮好的蔬菜和红酱，翻炒均匀。

6. 倒入熟宽扁面，充分搅拌后盛盘。

Tips

茄子、西葫芦、胡萝卜的形状要切得比较匀称，这样不仅美观，烹饪时还能够受热一致。

份量／1人份

炸土豆笔管面

绵软的土豆与脆嫩的西芹，交织出丰富的口感，搭配辛辣的红辣椒、开胃的红酱，还有气味芬芳的百里香，一切都是那么诱人！

材料	调料
熟笔管面100克，土豆、红辣椒各1个，西芹2根，百里香少许	食用油适量，橄榄油1大匙，红酱2大匙，盐、黑胡椒粉各少许

做 法

1. 西芹洗净切成段；红辣椒洗净切斜圈。

2. 土豆洗净去皮切方块，泡水，沥干。

3. 土豆放入190℃的油锅中炸成金黄色，捞出，备用。

4. 平底锅淋入少许橄榄油烧热，加入土豆、西芹、红辣椒，用中火爆香。

5. 放入熟笔管面，加入红酱、盐、黑胡椒粉调味，拌炒均匀。

6. 盛盘，用百里香点缀即可。

Tips

土豆切块之后，可以放在水中浸泡，这样能够防止氧化并且去除多余的淀粉。

扫一扫看视频

NO.9

诱惑指数：★★★★

份量／1人份

豆角红酱面

材 料

熟宽扁面100克，豆角2条，洋葱适量

调 料

橄榄油1大匙，红酱2大匙，盐、黑胡椒粒各少许

做 法

1. 洋葱洗净，去皮切小片。

2. 豆角洗净，切成均匀小段。

3. 平底锅淋入少许橄榄油烧热，加入洋葱、豆角炒匀。

4. 倒入熟宽扁面，加入红酱、盐、黑胡椒粒，拌炒均匀后盛盘即可。

Tips

豆角一定要注意翻炒至熟，否则会有中毒的危险。可以预先用开水汆煮至断生保证其熟度。

NO.10

诱惑指数：★★★★　　份量／1人份

橄榄红酱面

材 料　熟贝壳面100克，黑橄榄4颗，小黄瓜1/2根，蟹味菇1/2包

调 料　红酱2大匙，橄榄油、盐、黑胡椒各适量

做 法

1. 将小黄瓜洗净切圈；去核的黑橄榄切圈。

2. 蟹味菇去掉老化的根部。

3. 平底锅中加入橄榄油，加入蟹味菇、黑橄榄、小黄瓜，以中火爆香。

4. 放入熟贝壳面，加入红酱、盐、黑胡椒，煮至汤汁略收至稠状即可。

NO.11

诱惑指数：★★★　　份量／1人份

莴笋红酱面

材 料　熟长意面140克，莴笋半根，蒜末适量

调 料　橄榄油适量，红酱2大匙，盐少许

做 法

1. 莴笋切成均匀的小方块形。

2. 锅注橄榄油烧热，爆香蒜末，倒入莴笋炒匀。

3. 加入熟长意面，翻炒均匀。

4. 加入红酱、盐调味即可。

NO.12

诱惑指数：★★★★★

份量／2人份

奶酪肉酱千层面

材料

熟千层面3片，黄油少许，马苏里拉奶酪适量

调料

茄汁肉酱适量

Tips

铺上的茄汁肉酱和马苏里拉奶酪的比例可以根据自己的口味进行调整。

做法

1. 烤碗底部刷一层黄油，铺上一片熟千层面。

2. 铺上茄汁肉酱，撒上一层马苏里拉奶酪；重复2次此做法。

3. 将烤碗放入预热好的烤箱内，以180℃烘烤20分钟至表面呈金黄色即可。

NO.13

诱惑指数：★★★★★

份量／2人份

培根奶酪焗意面

扫一扫看视频

材料

熟螺旋面100克，培根1片，马苏里拉奶酪60克，黄油少许

调料

茄汁肉酱适量

Tips

除了螺旋面，也可以用笔管面代替，同样也很有风味。

做法

1. 培根对半切开，再切成小块。

2. 平底锅用小火加热，放入切好的培根块，稍稍煎至微黄。

3. 关火，倒入熟螺旋面，搅拌均匀。

4. 取烤碗，刷上一层黄油，倒入拌好的螺旋面，铺上一层茄汁肉酱。

5. 撒上一层马苏里拉奶酪，放入预热好的烤箱，以180℃烘烤20分钟至表面金黄即可。

—— 诱惑指数：★★★★★ ——

份量／1人份

炸猪排红酱意面

当香脆的炸猪排遇上清新的西蓝花、开胃的圣女果，荤素搭配，极具日式风味。爽口的意大利面被美味的红酱包裹，令人食指大动！

材料

熟长意面140克，猪排1大块，面包糠、鸡蛋液各适量，西蓝花、圣女果各少许

调料

红酱2大匙，橄榄油1大匙，生粉、盐、番茄酱各适量

做法

1. 洗净的西蓝花切小朵；圣女果切四瓣。

2. 沸水锅中倒入西蓝花氽煮至断生，捞出，沥干备用。

3. 将猪排放在案板上，用刀背在猪排的正反面敲打后，均匀抹盐。

4. 粘上生粉，裹上鸡蛋液，粘上面包糠。

5. 热锅注入橄榄油，倒入猪排煎至两面金黄，盛出，均匀切条。

6. 余油烧热，倒入熟长意面、红酱翻炒均匀。

7. 将所有食材装盘，猪排上淋上番茄酱即可。

Tips

猪排在煎炸的时候，注意油温要够，否则炸出来的猪排不够酥脆。

NO.15

诱惑指数：★★★★★

份量／1人份

红酱牛肉丸意面

扫一扫看视频

材料

熟长意面150克，牛肉馅100克，洋葱碎适量，罗勒叶、罗勒碎、欧芹碎、帕马森奶酪粉各少许

调料

橄榄油1大匙，红酱2大匙，黑胡椒粉、盐、生抽各少许

做法

1. 牛肉馅装碗，加入罗勒碎、欧芹碎、黑胡椒粉、盐、生抽，拌匀腌渍15分钟。

2. 制好的牛肉馅搓成数个大小均匀的牛肉丸，装入烤箱以上下火180℃烘烤10分钟。

3. 平底锅中注入橄榄油烧热，用洋葱碎爆香。

4. 倒入烤好的牛肉丸、红酱、熟长意面炒匀。

5. 盛盘，撒上帕马森奶酪粉，点缀上罗勒叶。

诱惑指数：★★★★★

份量／1人份

嫩牛肉红酱意面

材料

熟长意面100克，牛里脊150克，洋葱丁适量，欧芹少许

调料

红酱2大匙，橄榄油1大匙，黑胡椒粉、盐各少许

做法

1. 牛里脊上下两面都撒上盐与黑胡椒粉，抹匀，稍微腌渍3分钟。

2. 平底锅淋入1大匙橄榄油加热，将牛肉的两面分别煎至7分熟。

3. 煎好的牛肉出锅，分切成小块。

4. 锅中继续倒入切好的洋葱丁、牛肉块翻炒。

5. 加盐、红酱和熟长意面翻炒均匀，盛盘后点缀上欧芹即可。

份量／1人份

盐煎鸡翅红酱意面

咸咸的盐味和黑胡椒粉的辛香渗入鸡中翅里，吃起来格外可口，酸甜开胃的红酱和清新的生菜又中和了鸡中翅的油腻感，滋味令人赞叹！

材 料

熟长意面140克，鸡中翅6只，生菜少许

调 料

橄榄油适量，红酱2大匙，盐少许，黑胡椒粉少许

做 法

1. 鸡中翅洗净，在鸡翅上划刀。

2. 生菜切小段。

3. 加盐拌匀，腌渍入味。

4. 热锅中注入橄榄油，放入鸡中翅，用慢火煎至两面金黄。

5. 盛出鸡中翅，待用。

6. 加入熟长意面、红酱翻炒均匀。

7. 将所有食材盛入盘中，给鸡中翅撒上黑胡椒粉即可。

Tips

在鸡翅划刀的时候注意纹理要一致，这样后期摆盘才能够更美观。

NO.18

诱惑指数：★★★★

份量／1人份

鸡肉红酱贝壳面

材料

熟贝壳面80克，鸡胸肉40克，洋葱、蒜片各10克

调料

橄榄油、白酒各1大匙，盐、黑胡椒粒各1/4小匙，红酱2大匙

Tips

如果觉得鸡胸肉的口感不够好，可以选择鸡腿肉来代替。

做法

1. 洗净的鸡胸肉切丝；洗净的洋葱切丝。

2. 平底锅淋入少许橄榄油烧热，放入蒜片炸至金黄色。

3. 加入洋葱丝、鸡胸肉丝翻炒均匀。

4. 倒入红酱、白酒翻炒均匀。

5. 倒入熟贝壳面、盐、黑胡椒粒翻炒即可。

诱惑指数：★ ★ ★ ★

份量／1人份

蛋香金枪鱼红酱意面

扫一扫看视频

材料

熟螺旋面100克，鸡蛋1个，黄油10克，欧芹少许，金枪鱼罐头1/3个

调料

红酱3大匙

做法

1. 金枪鱼装碗，打入鸡蛋，搅拌均匀，捣碎鱼肉，制成金枪鱼蛋糊。

2. 平底锅用中火加热，放入黄油溶化。

3. 倒入金枪鱼蛋糊，煎成碎蛋。

4. 倒入熟螺旋面和红酱，拌炒均匀即可。

5. 装盘，点缀上欧芹即可。

诱惑指数：★★★★★

份量／1人份

三鲜红酱面

材 料

熟长意面180克，墨鱼肉、蛤蜊肉、虾各适量，欧芹碎、奶酪粉各少许

调 料

红酱2大匙，盐适量，橄榄油1大匙

Tips

墨鱼切花刀时，每一块的大小应该均匀，这样做出来才会美观又美味。

做 法

1. 处理好的墨鱼肉切花刀；虾去头尾，取虾肉。

2. 平底锅用橄榄油烧热，倒入墨鱼肉。

3. 再倒入虾肉、蛤蜊肉用中火炒熟。

4. 加红酱，翻炒均匀；倒入熟长意面、盐，转小火炒1分钟。

5. 按个人洗好撒上适量奶酪粉和欧芹碎即可。

诱惑指数：★★★★★

份量／1人份

鲜虾干贝面

材料

熟长意面150克，鲜虾2只，干贝1小把，芦笋2根，欧芹末适量，高汤200毫升，蒜末10克，洋葱末20克

调料

盐1/4小匙，红酱150克，橄榄油2大匙

做法

1. 鲜虾洗净，去头尾和虾壳；芦笋洗净切段。

2. 平底锅用橄榄油烧热，加入蒜末、洋葱末炒香。

3. 加入干贝、鲜虾、芦笋、高汤略煮。

4. 加入红酱、盐、熟长意面炒2分钟。

5. 最后撒上欧芹末点缀即可。

Tips

干贝加水之后泡软，炒的时候会更加入味。

诱惑指数：★★★★★

份量／1人份

花蛤肉酱意面

丰腴鲜美的花蛤肉搭配劲道十足的意大利宽扁面，每一口都是绝佳的味觉享受，加上红辣椒的辛香、黄油的奶香和白酒的醇香，让人回味无穷！

材料

熟宽扁面140克，花蛤550克，大蒜6克，红辣椒1/2个，黄油5克，香芹碎少许

调料

茄汁肉酱2大匙，白酒50毫升，橄榄油1大匙

做法

1. 红辣椒去籽切圈。

2. 大蒜切末。

3. 平底锅中淋入橄榄油烧热，加入大蒜、红辣椒，翻炒至大蒜微黄。

4. 倒入花蛤、白酒和茄汁肉酱，中火加盖煮至花蛤张口，取出花蛤壳，留下蛤肉。

5. 倒入熟宽扁面和黄油，翻炒均匀，盛盘，点缀上香芹碎即可。

Tips

花蛤在烹饪前，可以事先放在水里面吐沙，这样口感会更好。

扫一扫看视频

NO.23

NO.24

NO.23

份量／1人份

花蟹肉酱意面

材料

熟宽扁面、花蟹各140克，香芹叶、红辣椒圈各适量，大蒜末6克

调料

茄汁肉酱、橄榄油各2大匙，白兰地适量

做法

1. 将洗净的花蟹切成适当的大小。

2. 洗净的香芹叶切碎。

3. 平底锅用大火预热，加入橄榄油，爆香大蒜末，倒入花蟹煎炒。

4. 加入红辣椒圈，略炒；加白兰地，大火烧至挥发。

5. 倒入熟宽扁面、茄汁肉酱、香芹叶翻炒均匀即可。

NO.24

诱惑指数：★ ★ ★ ★ ★

份量／1人份

海胆奶油红酱面

材料

熟长意面140克，海胆60克，奶油4大匙，海苔片8克，大蒜末适量

调料

橄榄油1大匙，红酱2大匙

做法

1. 海苔片切条。

2. 平底锅淋入橄榄油烧热，倒入大蒜末，用小火炒至微微泛黄，倒入红酱，翻炒均匀。

3. 倒入海胆，用木铲搅动海胆翻炒片刻。

4. 加入熟长意面和奶油，翻炒均匀。

5. 盛盘，点缀上海苔条即可。

NO.25

诱惑指数：★★★★★

份量／1人份

墨鱼红酱面

材 料

熟长意面140克，墨鱼1只，大蒜末6克，红辣椒圈适量，香草碎少许

调 料

橄榄油1大匙，红酱2大匙

Tips

在处理墨鱼的时候，只需要轻轻地用刀在墨鱼上划一个小口，就能轻易地剥下墨鱼皮。

做 法

1. 墨鱼洗净去皮，身体切成圈状，须切成小段。

2. 平底锅淋入橄榄油加热，倒入大蒜末、红辣椒圈，翻炒至蒜末泛黄。

3. 加入切好的墨鱼，翻炒均匀。

4. 倒入熟长意面和红酱，翻炒至熟。

5. 盛盘，撒上香草碎点缀即可。

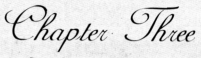

Chapter Three

清新翡翠：

青酱意大利面

青酱是最为常见的意大利面酱之一，
主要用罗勒叶、松子、蒜末和橄榄油制作而成。
以香草味浓郁的青酱搭配各式意大利面，
会给味蕾带来怎样的愉悦享受？
翻开本章，一起学做青酱意大利面吧！

特色青酱做起来

　　意大利青酱（Pesto Sauce）是一种常见的意大利面酱，主要由罗勒叶、松子、蒜末和橄榄油制成。制作青酱的材料可按个人口味调整，喜欢蒜味的可多加蒜，喜欢奶酪味的可多放干酪粉。青酱具有极浓的罗勒和松子香气，使用起来还十分方便，既可冷拌意面，又能用于炒制。与需要熬制很久的红酱相比，这种面酱健康又美味，尤其受女性喜爱。青酱还可以用来涂抹面包或作为生鱼片的蘸酱，吃起来别有风味。下面就教大家制作两款特色青酱。

罗勒青酱

制作时间：4min

材料：罗勒叶50克，松子15克，盐、黑胡椒粉各少许，帕马森奶酪、蒜末、水、橄榄油各适量

做法：

① 锅中注入橄榄油烧热，放入松子炒香，盛出待用。

② 将洗净的罗勒叶切碎。

③ 将所有材料放入搅拌机中搅拌即可。

奶酪青酱

制作时间：5min

材料：罗勒叶、西芹叶各50克，松子15克，盐、黑胡椒粒各少许，水、橄榄油、帕马森奶酪各适量

做法：

① 锅中注入橄榄油烧热，放入松子炒香，盛出待用。

② 将洗净的西芹叶、罗勒叶切碎。

③ 将所有材料倒入搅拌机中搅拌即可。

NO.26

诱惑指数：★★★★

份量／1人份

口蘑牛油果青酱蝴蝶面

材料

熟蝴蝶面100克，牛油果半个，黄瓜1/3根，口蘑、蒜末各适量，奶酪粉、罗勒叶各少许

调料

酱油1小匙，橄榄油适量

Tips

做好的牛油果青酱可以用保鲜膜封存，放在冰箱冷藏，特别适合夏日食用。

做法

1. 黄瓜切丁；牛油果去皮切丁；口蘑去蒂切块。

2. 搅拌机中倒入黄瓜、牛油果、酱油，搅拌均匀，盛盘为牛油果青酱。

3. 锅中注入适量橄榄油，加蒜末爆香，加入口蘑炒熟。

4. 倒入熟蝴蝶面、奶酪粉、牛油果青酱，翻炒均匀。

5. 装盘，点缀上奶酪粉与罗勒叶即可。

NO.27

份量／1人份

蟹味菇青酱面

材料

熟长意面150克，洋葱半个，蟹味菇3个，蒜末少许

调料

橄榄油15毫升，罗勒青酱适量，盐、黑胡椒粒各少许

Tips

家里找不到蟹味菇的时候，可以用金针菇代替，口感会更加顺滑。

做法

1. 洋葱切小丁；蟹味菇切去尾端。

2. 平底锅注入橄榄油烧热，倒入洋葱丁、蒜末爆香。

3. 加入蟹味菇翻炒入味。

4. 加入熟长意面翻炒。

5. 撒入盐，磨入黑胡椒粒，加入罗勒青酱，翻炒均匀即可。

份量／1人份

烤蔬菜青酱面

扫一扫看视频

材 料

熟螺旋面100克，口蘑适量，大蒜2瓣，红甜椒、黄甜椒、洋葱各1/4个

调 料

橄榄油3大匙，辣椒粉1小匙，奶酪青酱2大匙，盐、黑胡椒粒各少许

做 法

1. 洗净的红甜椒、黄甜椒、洋葱切菱形片；大蒜切片；口蘑切片。

2. 取碗，倒入切好的食材；倒入辣椒粉、盐、黑胡椒粒和2大匙橄榄油，拌匀腌渍10分钟。

3. 将食材倒入铺有锡纸的烤盘里，装入烤箱，烘烤10分钟。

4. 平底锅加入1大匙橄榄油，倒入烤好的食材稍炒。

5. 倒入熟螺旋面翻炒，加入奶酪青酱，翻炒均匀即可。

份量/1人份

豌豆苗松子青酱面

豌豆苗的一抹青翠，松子的点点金黄，实在赏心悦目，细嚼一口，青酱的香草气息萦绕齿间舌尖，让人宛如置身于田野乡间，心旷神怡。

材料	调料
豌豆苗50克，松子10克，熟天使细面100克	橄榄油适量，奶酪青酱2大匙，盐、黑胡椒粒各少许

做法

1. 锅中注入适量清水烧开，倒入豌豆苗汆煮至断生。

2. 捞出，沥干待用。

3. 平底锅注入适量橄榄油烧热，将松子翻炒出香味。

4. 倒入熟天使细面翻炒。

5. 加入盐，磨入黑胡椒粒；加入奶酪青酱，翻炒匀。

6. 将煮好的豌豆苗铺在碟子的底部，再盛上意面即可。

Tips

汆煮豌豆苗的时候可以在热水锅中注入适量的橄榄油，这样可以保持豌豆苗的鲜度。

NO.30

诱惑指数：★ ★ ★ ★

份量／1人份

蔬菜沙拉意面

材 料

熟贝壳面100克，紫甘蓝、奶酪粉各适量，黄瓜1/3根，红椒1/2个

调 料

黑胡椒碎适量，奶酪青酱2大匙，盐少许

Tips

可以根据自己的口味，多增加一些玉米、胡萝卜等蔬菜种类。

做 法

1. 洗净的紫甘蓝切小段。

2. 黄瓜切块；红椒切三角形。

3. 熟贝壳面装碗，撒入盐，磨入黑胡椒碎，加入奶酪青酱和切好的黄瓜、红椒，拌匀。

4. 切好的紫甘蓝铺在盘底。

5. 倒上拌好的食材，撒上少许奶酪粉和黑胡椒碎即可。

份量／1人份

牛奶菠菜青酱意面

材料

熟宽扁面100克，菠菜叶200克，牛奶40毫升，干罗勒、茄片各适量

调料

盐、黑胡椒粉各2克

做法

1. 锅中注入适量开水，倒入菠菜叶汆煮1分钟至断生，捞出，切段。

2. 料理机中加入牛奶、菠菜叶，搅拌成牛奶菠菜青酱，盛出待用。

3. 另起锅，倒入牛奶、茄片、盐、黑胡椒粉，拌匀，煮开。

4. 倒入牛奶菠菜青酱和干罗勒，用小火煮1分钟，倒入熟宽扁面拌匀即可。

NO.32

NO.33

诱惑指数：★★★★

份量／1人份

玉米笋青酱面

材料

玉米笋50克，圣女果4颗，熟宽扁面100克，罗勒叶少许

调料

橄榄油、盐、黑胡椒粒各适量，奶酪青酱2大匙

做法

1. 圣女果切4瓣。

2. 玉米笋从腰部切开，再分4瓣。

3. 锅中注入适量橄榄油烧热，倒入玉米笋与圣女果翻炒。

4. 倒入熟宽扁面、盐，磨入黑胡椒粒，加入奶酪青酱，翻炒匀。

5. 装盘，点缀上罗勒叶即可。

诱惑指数：★★★★

份量／1人份

玉米粒青酱面

材料

熟贝壳面100克，小黄瓜、胡萝卜各1/2根，火腿肠4根，玉米粒40克

调料

橄榄油、盐、罗勒青酱各适量，黑胡椒粒少许

做法

1. 洗净的胡萝卜切丁；洗净的小黄瓜切丁。

2. 备好的火腿肠切片。

3. 平底锅注入适量橄榄油烧热，倒入胡萝卜丁、小黄瓜丁、火腿肠片、玉米粒翻炒匀。

4. 倒入熟贝壳面。

5. 加入盐，磨入黑胡椒粒，加入罗勒青酱，翻炒均匀即可。

NO.34

诱惑指数：★★★★

份量／1人份

双椒青酱面

材料

熟贝壳面100克，奶酪粉少许，红甜椒、黄甜椒各1/2个

调料

奶酪青酱2大匙，橄榄油适量，盐、黑胡椒碎各少许

Tips

除了红甜椒和黄甜椒外，也可以加入适量的青椒来调节口味。

做法

1. 将红甜椒、黄甜椒切丁。

2. 平底锅加入橄榄油烧热。

3. 倒入红甜椒、黄甜椒，以中火爆香。

4. 加入熟贝壳面翻炒均匀。

5. 加入盐；磨入黑胡椒碎；加入奶酪青酱。

6. 炒匀盛盘，撒上适量奶酪粉即可。

诱惑指数：★★★

份量／1人份

圣女果螺旋面

材 料

圣女果6颗，熟螺旋面100克，香芹叶少许

调 料

奶酪青酱2大匙，黑胡椒粒适量

做 法

1. 圣女果对半切开，再对半切开，备用。

2. 熟螺旋面装碗，磨入黑胡椒粒。

3. 加入奶酪青酱，不断地拌匀至入味。

4. 装盘，点缀上圣女果和香芹叶即可。

诱惑指数：★ ★ ★ ★

份量／1人份

球子甘蓝熏肉青酱意面

材料

熟长意面140克，球子甘蓝10个，熏肉1片

调料

罗勒青酱2大匙，橄榄油适量，盐、黑胡椒粒各少许

Tips

家里没有熏肉的话，也可以换成培根、火腿来代替熏肉，口味一样好。

做法

1. 球子甘蓝一分为二。

2. 熏肉切成2毫米宽的小条。

3. 热水锅中放入球子甘蓝，氽煮断生后捞出沥干。

4. 锅注橄榄油，加入球子甘蓝和熏肉煎炒；倒入熟长意面、罗勒青酱、盐翻炒均匀。

5. 盛盘，磨上少许黑胡椒粒即可。

诱惑指数：★★★★

份量／1人份

土豆豆角青酱意面

材料

熟宽扁面140克，豆角80克，去皮土豆半个，蒜末少许，高汤80毫升

调料

奶酪青酱2大匙，盐少许，食用油适量

做法

1. 洗净的豆角切成4厘米长的小段。

2. 洗净的土豆切成小块。

3. 热锅注油，倒入蒜末翻炒香；加入豆角、土豆炒匀。

4. 倒入高汤，煮至食材熟透、高汤收汁。

5. 倒入奶酪青酱、盐、熟宽扁面，翻炒均匀。

Tips

如果没有把握能够把土豆炒熟而不焦，可以事先将土豆氽煮至断生。

━━━━━━ 诱惑指数：★ ★ ★ ★ ★ ━━━━━━

份量／1人份

培根青酱面

培根的焦香与奶酪粉的浓郁交织出美妙的味之乐章，每一口都是那么动人心弦，青酱的清新口感中和了培根的油腻，黑胡椒碎又起到了提味的作用。

材 料

熟长意面100克，培根1片，蒜头2瓣，奶酪粉少许

调 料

罗勒青酱2大匙，盐、黑胡椒碎各少许，橄榄油1大匙

做 法

1. 蒜头切末；培根切小块。

2. 平底锅中加入橄榄油，将蒜末爆香。

3. 倒入培根煎至微黄。

4. 倒入熟长意面翻炒均匀。

5. 撒入盐，磨入黑胡椒碎，加入罗勒青酱，炒匀。

6. 盛出，撒上适量奶酪粉即可。

Tips

奶酪粉和培根能够协调出难以言喻的美味，如果喜欢奶酪粉的味道，建议最后一步增加奶酪粉的分量。

诱惑指数：★★★★

份量／1人份

火腿花青椒圈意面

小巧别致的螺旋面，逗趣可爱的火腿肠花，勾勒出一幅情趣盎然的图画，奶酪的浓郁与青酱的清爽搭配得益，可谓色香味俱全。

材料

火腿肠3根，青椒1根，帕马森奶酪丝适量，熟螺旋面100克

调料

橄榄油、盐各适量，罗勒青酱2大匙，黑胡椒粒少许

做法

1. 火腿肠去头尾，对半切开，竖着划开6刀，但是不切断。

2. 青椒切圈。

3. 平底锅注入适量橄榄油烧热，倒入火腿肠翻炒至开花。

4. 加入青椒圈翻炒均匀。

5. 倒入熟螺旋面。

6. 加入盐，磨入黑胡椒粒，加入罗勒青酱，翻炒匀。

7. 装盘，撒上帕马森奶酪丝即可。

Tips

如果火腿没法竖着切开6刀，也可以选择切4刀。

NO.40

诱惑指数：★★★★★

份量／1人份

鸡肉口蘑青酱面

材 料

鸡胸肉1块，口蘑6颗，熟螺旋面100克，欧芹少许

调 料

橄榄油、日式酱油、奶酪青酱各适量，黑胡椒粒、盐各少许

Tips

口蘑比较容易熟，要注意翻炒的时间不要过久，否则口感不佳。

做 法

1. 鸡胸肉切丁装碗，加入日式酱油、黑胡椒粒，腌渍10分钟入味。

2. 洗净的口蘑切块。

3. 平底锅注橄榄油烧热，加鸡胸肉翻炒变色。

4. 加入口蘑翻炒均匀，盛出。

5. 再淋入少许橄榄油烧热，加入熟螺旋面、黑胡椒粒、盐、奶酪青酱，翻炒均匀。

6. 将炒好的食材装盘，点缀上洗净的欧芹即可。

NO.41

诱惑指数：★★★★★　　份量／1人份

口蘑火腿意面

材　料　口蘑3个，火腿1条，熟宽扁面100克，奶酪碎适量

调　料　橄榄油、黑胡椒粒、罗勒青酱各适量

做　法

1. 洗净的口蘑切片；洗净的火腿切丁。

2. 平底锅注橄榄油烧热，倒入火腿丁，翻炒变色。

3. 倒入口蘑，翻炒至软。

4. 倒入熟宽扁面；加入黑胡椒粒、罗勒青酱拌匀。

5. 摆盘，点缀上奶酪碎即可。

NO.42

诱惑指数：★★★★　　份量／1人份

青酱牛肉意面

材　料　熟宽扁面100克，牛肉50克，芦笋15克，蒜末适量，奶酪粉少许

调　料　橄榄油、盐各适量，罗勒青酱2大匙

做　法

1. 牛肉洗净切片，装碗加盐，腌渍一会儿。

2. 洗净的芦笋切段，放入热水锅中氽煮至断生，捞出。

3. 平底锅烧热，加入橄榄油，将蒜末爆香，加入牛肉片炒至转色。

4. 倒入熟宽扁面、芦笋，加入盐、罗勒青酱，炒匀后装盘，撒上奶酪粉即可。

NO.43

NO.44

诱惑指数：★★★★★

份量／1人份

煎三文鱼青酱意面

材 料

熟长意面100克，柠檬半个，三文鱼肉1块，奶酪丝适量

调 料

橄榄油、罗勒青酱各适量，盐、黑胡椒粒各少许

Tips

如果喜欢三文鱼入味点的话，可以适当延长三文鱼腌渍的时间。

做 法

1. 柠檬切片。

2. 洗净的三文鱼肉装碗，撒入盐，磨入黑胡椒粒。

3. 均匀抹上橄榄油，腌渍15分钟。

4. 平底锅用小火烧热，加入三文鱼略煎。

5. 翻面，煎至两面熟透，盛出，与柠檬片一起摆好盘。

6. 熟长意面放入碗中，加入盐、黑胡椒粒、罗勒青酱，拌匀后盛盘，最后撒上奶酪丝。

诱惑指数：★★★★★

份量／1人份

三文鱼丁青酱意面

材 料

熟笔管面100克，三文鱼肉1块，薄荷叶少许

调 料

橄榄油、罗勒青酱各2大匙，盐、黑胡椒碎各少许

Tips

三文鱼切丁的时候要与纹理呈十字架形状，否则容易散开。

做 法

1. 三文鱼肉切丁。

2. 平底锅倒入橄榄油烧热，将三文鱼丁煎熟。

3. 加入罗勒青酱、盐。

4. 倒入熟笔管面。

5. 倒入水，煮至收汁。

6. 将煮好的意面盛盘，撒上黑胡椒碎，最后点缀上洗净的薄荷叶即可。

份量／1人份

酥煎鳕鱼青酱意面

丰腴鲜美的鳕鱼以煎制的方法烹饪，其肉质更显厚实，外酥内嫩的口感令人赞赏，辛香的黑胡椒碎又使罗勒青酱更具地中海风味。

材 料

熟长意面100克，鳕鱼1块，姜片适量，罗勒叶少许

调 料

橄榄油2大匙，盐、罗勒青酱各适量，黑胡椒碎、干粉各少许

做 法

1. 将鳕鱼切小块。

2. 装碗，放入姜片、盐、黑胡椒粒、干粉，腌渍5分钟。

3. 平底锅烧热，加入橄榄油，放入鳕鱼块煎至金黄，盛出。

4. 继续往平底锅中倒入熟长意面，加入盐、黑胡椒碎、罗勒青酱，翻炒均匀。

5. 将意面装盘，放上鳕鱼块和罗勒叶即可。

Tips

鳕鱼腌渍的时间适当延长，可以令调料更加入味。

扫一扫看视频

NO.46

—— 诱惑指数：★★★★★ ——

份量／1人份

黄油青酱海鲜意面

扫一扫看视频

材 料

熟长意面100克，虾6只，带子2只，
高汤适量，黄油15克

调 料

盐少许，罗勒青酱2大匙，白葡萄酒、
黑胡椒粒各适量

做 法

1. 锅中注水烧热，倒入带子煮至开口；加入
   虾，煮至转色。

2. 平底锅中加入黄油溶化，倒入带子、虾，
   翻炒。

3. 加入白葡萄酒、罗勒青酱，翻炒。

4. 加入适量高汤，用小火炖入味。

5. 加入盐，磨入黑胡椒粒调味，加入熟长意
   面翻炒即可。

NO.47

诱惑指数：★★★★★ 份量／1人份

金枪鱼圣女果青酱意面

材 料　罐头金枪鱼1盒，圣女果8颗，黑橄榄4颗，熟长意面100克

调 料　盐、橄榄油各适量，罗勒青酱2大匙，黑胡椒粉少许

做 法

1. 圣女果切四瓣；黑橄榄切圈。

2. 金枪鱼肉撕碎。

3. 平底锅注入适量橄榄油烧热，倒入黑橄榄翻炒均匀。

4. 倒入熟长意面、金枪鱼肉和圣女果，加入盐、黑胡椒粉、罗勒青酱，翻炒匀即可。

NO.48

诱惑指数：★★★★★ 份量／1人份

煎墨鱼丸青酱蝴蝶面

材 料　墨鱼丸3颗，熟蝴蝶面100克，罗勒叶、奶酪粉、蒜末各少许

调 料　橄榄油适量，罗勒青酱2大匙，盐、黑胡椒粒各少许

做 法

1. 墨鱼丸切片。

2. 锅中注入橄榄油烧热，将墨鱼丸片煎熟，盛盘。

3. 余油烧热，加入蒜末爆香，倒入熟蝴蝶面翻炒，加入盐、黑胡椒粒、罗勒青酱，翻炒均匀。

4. 装盘，点缀上罗勒叶，撒上奶酪粉即可。

诱惑指数：★★★★

份量／1人份

彩椒虾仁青酱面

材 料

熟长意面100克，红椒、黄椒各1/4个，虾4只

调 料

橄榄油、罗勒青酱各适量，黑胡椒粒、盐各少许

Tips

如果喜欢整只虾的口感，也可不用切丁。

做 法

1. 红椒、黄椒切丁；虾去壳切丁。

2. 锅中注入橄榄油烧热，倒入红、黄椒爆香。

3. 加入虾翻炒至变色，盛出。

4. 锅中再注入适量橄榄油，倒入熟长意面、盐、罗勒青酱，磨入黑胡椒粒，翻炒均匀。

5. 将炒好的食材盛出，摆好盘即可。

诱惑指数：★★★★★

份量／1人份

西葫芦虾仁青酱面

材 料

西葫芦1/3根，虾3只，熟宽扁面100克，蒜头2瓣

调 料

罗勒青酱2大匙，橄榄油适量，盐、黑胡椒粒各少许

Tips

西葫芦非常容易熟，在烹饪的时候要注意火候不要过大。

做 法

1. 蒜头切末；西葫芦切扇形片。

2. 虾去壳切丁。

3. 锅中注入适量橄榄油烧热，倒入西葫芦片煎熟，盛出。

4. 锅中再注入橄榄油，倒入蒜末爆香，将虾炒至变色。

5. 倒入熟宽扁面，加入盐、黑胡椒粒、罗勒青酱，放入煎过的西葫芦片，拌匀后装盘。

NO.51

——— 诱惑指数：★★★★★ ———

份量／1人份

青酱蟹肉意面

扫一扫看视频

材料

梭子蟹2只，黄油20克，熟长意面
100克

调料

罗勒青酱2大匙，白葡萄酒适量，盐
少许

做法

1. 洗净的梭子蟹放入蒸锅中蒸至熟透，取出。

2. 放凉后剥出蟹肉。

3. 平底锅小火烧热，倒入黄油煮至溶化，加入
   梭子蟹肉略煎。

4. 加盐；淋入白葡萄酒。

5. 加入熟长意面、罗勒青酱，翻炒均匀即可。

诱惑指数：★ ★ ★ ★ ★

份量／1人份

蛤蜊青酱面

材料

熟宽扁面100克，蛤蜊8只，高汤250毫升

调料

橄榄油、白酒各适量，罗勒青酱2大匙，盐、黑胡椒各少许

做法

1. 平底锅注入橄榄油，倒入高汤，加入盐。

2. 放入洗净的蛤蜊。

3. 淋入白酒，煮至蛤蜊开口，捞出。

4. 继续往平底锅中倒入熟宽扁面和罗勒青酱，炒至快收汁。

5. 倒入蛤蜊，加入黑胡椒调味，炒匀即可。

Tips

蛤蜊在烹饪之前，可以事先放在水里面吐沙，这样口感更佳。

NO.53

誘惑指数：★★★★★

份量／1人份

青酱鱿鱼秋葵意面

扫一扫看视频

材料

熟长意面100克，鱿鱼1小只，黄油1小块，柠檬半个，秋葵2根

调料

罗勒青酱2大匙，盐、黑胡椒碎各少许

做法

1. 鱿鱼去骨切花刀装碗，加入少许盐，挤入柠檬汁，腌渍3分钟。

2. 洗净的秋葵去头尾，切圈。

3. 平底锅用小火加热，放入黄油溶化，放入切好的鱿鱼，煮至其卷起。

4. 加入秋葵，翻炒至熟。

5. 倒入熟长意面，加入罗勒青酱、黑胡椒碎，翻炒均匀即可。

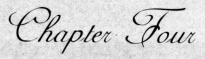

Chapter Four

优雅雪盖:

白酱意大利面

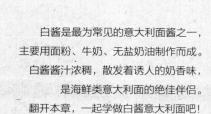

白酱是最为常见的意大利面酱之一，
主要用面粉、牛奶、无盐奶油制作而成。
白酱酱汁浓稠，散发着诱人的奶香味，
是海鲜类意大利面的绝佳伴侣。
翻开本章，一起学做白酱意大利面吧！

特色白酱做起来

　　有人说，鲜奶油与意大利面是绝佳的搭配。意大利白酱（Cream Sauce）是由面粉、牛奶及无盐奶油为原料制成的白色酱，常用于海鲜类意大利面的烹饪。当意大利面遇上浓稠的白酱，就像久未重逢的知己紧紧相拥一般，形状多变的意大利面用每一根线条勾住柔情似水的白酱，每一口都散发着浓郁的奶香味。白酱的运用也非常广泛，除了拌意面，还可以用来做比萨和浓汤。下面就教大家制作两款特色白酱。

基础白酱

制作时间：10min

材料： 热牛奶500毫升，无盐黄油40克，低筋面粉40克，盐3克，白胡椒碎、肉豆蔻碎各适量

做法：

①平底锅中放入无盐黄油、低筋面粉，开小火，搅拌约7分钟，直至面粉糊细腻浓稠。

②当锅中有小气泡冒出时，慢慢加入热牛奶，搅拌均匀，关火。

③加入盐、白胡椒碎、肉豆蔻碎，拌匀调味即可。

奶油白酱

制作时间：8min

材料： 黄油35克，洋葱末40克，面粉20克，淡奶油80克，高汤60毫升，盐3克，黑胡椒1/8小勺，白葡萄酒5毫升

做法：

①炒锅中放入黄油烧溶，加入洋葱末炒出香味，改小火，加入面粉炒匀。

②加入淡奶油和高汤，搅拌均匀，继续加热，放入盐、黑胡椒调味。

③待酱汁浓稠，倒入白葡萄酒，拌匀后即可关火。

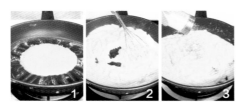

NO.54

诱惑指数：★★★

份量／1人份

白酱油菜花面

材 料

熟长意面80克，蒜末适量，油菜花100克，清汤80毫升

调 料

橄榄油2小匙，奶油白酱120克，盐少许

Tips

要选择根部水嫩的油菜花，这样烹煮时风味尤佳。

做 法

1. 洗净的油菜花去除老茎，摘取嫩叶和花。

2. 锅中沸水烧开，放入油菜花，快速焯煮一下，捞出，待用。

3. 锅中注入橄榄油烧热，放入蒜末，炒至微黄。

4. 放入熟长意面、油菜花叶，稍拌一下。

5. 加入清汤、盐、奶油白酱，煮至酱汁与面条充分混合即可。

6. 装盘，放上油菜花点缀即可。

诱惑指数：★ ★ ★ ★ ★

份量／1人份

什锦菇白酱意面

营养丰富的菌菇与散发着浓浓奶香味的意大利面相得益彰，白葡萄酒的醇厚又为面条提味增香，每吃一口都让人齿颊留香。

材 料

熟长意面120克，杏鲍菇、蟹味菇、香菇各50克，培根40克，蒜末、芝士粉各少许，高汤20毫升

调 料

橄榄油1匙，盐2克，黑胡椒碎适量，白葡萄酒10毫升，基础白酱100克

做 法

1. 洗净的杏鲍菇、香菇切片；蟹味菇切除根部；培根切小条，备用。

2. 锅中注入橄榄油烧热，放入蒜末炒香。

3. 加入杏鲍菇、蟹味菇、香菇炒软，加入培根炒匀。

4. 淋入白葡萄酒、高汤，倒入基础白酱煮匀。

5. 撒上黑胡椒碎、盐调味，略炒一会儿至酱汁收稠。

6. 关火，放入熟长意面拌匀，装盘，撒上芝士粉即可。

Tips

菌菇的品种不受局限，可挑选其他进行代替，别有一番风味。

扫一扫看视频

NO.**56**

诱惑指数：★★★★★

份量／2人份

南瓜焗烤千层面

芝士的浓郁，牛奶的芬芳，渗入到绵软香糯的南瓜里，每吃一口都令人感受到满满的幸福。面皮与芝士层层交叠，层次感十足，给人以美妙的味觉享受。

材 料
熟千层面3片，南瓜100克，洋葱1/4个，马苏里拉芝士碎60克，欧芹碎、蒜末各少许，牛奶适量

调 料
橄榄油1小匙，奶油白酱120克

做 法

1. 洗净的南瓜去皮去籽，切块；洋葱切碎。

2. 锅中注入橄榄油烧热，放入蒜末、洋葱碎炒香。

3. 加入南瓜块、牛奶，煮至南瓜熟软。

4. 关火，倒入奶油白酱拌匀。

5. 取一烤碗，铺上一张熟千层面，倒入一层拌好的白酱，撒上一层马苏里拉芝士碎，依此顺序重复至铺满容器。

6. 放入预热好的烤箱，以上下火200℃烤5分钟至表面微黄。

7. 取出烤碗，撒上欧芹碎即可。

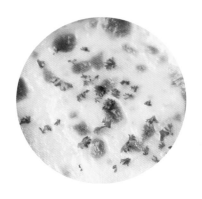

Tips
南瓜切得越小块，熬煮酱汁时越省时方便。

扫一扫看视频

NO.57

NO.58

NO.57

份量／1人份

西蓝花烤贝壳面

材料

熟贝壳面120克，西蓝花1棵，西红柿50克，黄椒40克，马苏里拉芝士碎30克

调料

奶油白酱120克

Tips

若是喜欢清香的西蓝花风味，可将其捣碎加入贝壳面里。

做法

1. 洗净的西蓝花切小朵；西红柿、黄椒切丁，备用。

2. 锅中沸水烧开，放入西蓝花焯煮至断生，捞出，备用。

3. 取一烤碗，放上熟贝壳面，倒上奶油白酱。

4. 加入西蓝花、西红柿、黄椒，拌匀。

5. 铺上一层马苏里拉芝士碎，放入预热好的烤箱。

6. 以上下火均为200℃烤10分钟至表面微黄即可。

NO.58

份量／1人份

芦笋白酱笔管面

材料

熟笔管面100克，火腿30克，芦笋80克，小黄瓜40克

调料

橄榄油1小匙，奶油白酱100克

Tips

芦笋在水中不可焯煮过久，以免过于软塌，口感不佳。

做法

1. 洗净的芦笋斜切成小段；小黄瓜切片；火腿切丁。

2. 将芦笋段放入沸水锅中焯煮至断生，捞出，沥干水分。

3. 锅中注入橄榄油烧热，放入小黄瓜片、火腿丁炒香。

4. 倒入奶油白酱、熟笔管面煮至酱汁收稠。

5. 加入芦笋，略微翻炒即可。

NO.59

份量／1人份

栗香奶油意面

材料

熟天使细面100克，熟板栗10颗，蒜末适量，口蘑、培根各40克

调料

橄榄油1大匙，盐2克，黑胡椒粉少许，奶油白酱100克

Tips

板栗切得越细碎，制作酱汁时越入味。

做法

1. 洗净的口蘑切片；熟板栗去皮切碎；培根切丁备用。

2. 锅中注入橄榄油烧热，放入蒜末炒香，加入口蘑炒软。

3. 放入板栗碎、培根炒匀。

4. 加入奶油白酱、熟天使细面，翻炒匀。

5. 撒上盐、黑胡椒粉调味即可。

诱惑指数：★ ★ ★ ★ ★

份量／1人份

牛油果菠菜蝴蝶面

扫一扫看视频

材料

熟蝴蝶面120克，菠菜叶50克，牛油果1个，圣女果适量，蒜末少许

调料

橄榄油适量，盐2克，基础白酱100克

做法

1. 去皮洗净的牛油果对半切开，去核，一半切小块；另一半切片，放入盘中装饰。

2. 洗净的菠菜叶切丝，圣女果对半切开。

3. 锅中注入橄榄油烧热，放入蒜末炒香。

4. 加入基础白酱、熟蝴蝶面煮至酱汁乳化。

5. 加入菠菜叶丝，撒入盐调味，略炒一会儿。

6. 关火，加入牛油果拌匀，盛出蝴蝶面，放上圣女果装饰即可。

诱惑指数：★★★★★

份量／**1人份**

田园时蔬蝴蝶面

白酱、高汤、奶酪赋予意面丰富多样的滋味，西葫芦、茄子、红椒、黄椒又为意面增添了缤纷的色彩，清新怡人的田园气息扑面而来。

材 料

熟蝴蝶面100克，高汤50毫升，西葫芦、茄子各30克，红椒、黄椒各20克，红葱头1个，欧芹碎少许，奶酪碎适量

调 料

橄榄油2小匙，基础白酱120克，盐2克

做 法

1. 洗净的彩椒切小条；去皮洗净的红葱头对半切开，剥成片；洗净的西葫芦和茄子切圆片。

2. 锅中注入橄榄油烧热，放入红葱头，炒香。

3. 放入彩椒、西葫芦、茄子炒软，加入盐调味。

4. 加入熟蝴蝶面，稍拌匀。

5. 倒入基础白酱、高汤、奶酪碎，煮至酱汁与面条充分混合。

6. 盛出煮好的蝴蝶面，撒上欧芹碎即可。

Tips

可根据个人口味略炒蔬菜，保留爽脆的口感。

NO.62

誘惑指数：★★★★

份量／1人份

三色白酱笔管面

材料

熟笔管面120克，豌豆荚、洋葱各60克

调料

橄榄油1大匙，基础白酱120克，盐、黑胡椒粒各少许

Tips

豌豆荚尽量挑选个小的，这样更易入味。

做法

1. 洗净的豌豆荚去丝；洋葱斜切成块。

2. 锅中注入橄榄油烧热，放入洋葱块炒香，加入豌豆荚炒熟。

3. 加入基础白酱、熟笔管面，翻拌均匀。

4. 撒上黑胡椒粒、盐，煮至汤汁浓稠即可。

诱惑指数：★ ★ ★ ★ ★

份量／2人份

奶香土豆千层面

材料

熟千层面3片，土豆80克，玉米粒30克，培根50克，芝士片2片，牛奶适量

调料

黑胡椒粉适量，基础白酱100克

做法

1. 洗净的土豆去皮切块，放入蒸锅里蒸熟，压成土豆泥。

2. 培根切碎，加入玉米粒、牛奶、黑胡椒粉，拌匀，倒入土豆泥里，拌成糊状。

3. 取一烤碗，放上1张熟千层面，铺上一层土豆糊，依此顺序重复至铺满容器，最后铺上芝士片。

4. 放入预热好的烤箱，以上下火200℃烤5分钟至表面微黄即可。

Tips

土豆块尽量切小一点，这样更易蒸熟。

诱惑指数：★★★★

份量／1人份

意式蔬果冷面

新鲜蔬果搭配冷面，吃起来开胃清爽，可谓炎炎夏日的佳选，营养的鸡蛋，酥香的培根，可以补充必需的蛋白质和脂肪，让人焕发健康神采！

材 料

熟长意面150克，熟鸡蛋半个，黑橄榄4个，苹果50克，迷迭香适量，圣女果2个，培根、生菜叶各40克

调 料

橄榄油1小匙，冷藏的奶油白酱120克

做 法

1. 洗净的圣女果对半切开。

2. 洗净的苹果去核切细丝；黑橄榄切圈。

3. 洗净的培根切片；熟鸡蛋切瓣。

4. 锅中注入橄榄油烧热，放入培根片，撒上一层迷迭香，小火加热至香味散发，盛出。

5. 取一盘，垫上生菜叶，放上熟长意面、熟鸡蛋、培根片、圣女果、苹果丝、黑橄榄圈。

6. 淋上冷藏的奶油白酱，拌匀即可。

Tips

切丝的苹果放入盐水中浸泡，可防止其氧化变黑。

诱惑指数：★ ★ ★ ★

份量／1人份

鲜蔬螺旋面

橙红的胡萝卜，翠绿的青椒，乳白的花菜，合奏出一曲美妙的田园交响乐，搭配奶香味浓郁的白酱意面，味道浓淡有致。

材 料

熟螺旋面100克，胡萝卜、花菜各50克，青椒、香菇各30克，蒜末适量

调 料

橄榄油1小匙，盐2克，基础白酱50克

做 法

1. 洗好的胡萝卜、青椒切丁；花菜切小朵；香菇去蒂切片。

2. 锅中沸水烧开，放入胡萝卜、花菜焯煮至断生，捞出，备用。

3. 锅中注入橄榄油烧热，放入蒜末炒香。

4. 加入胡萝卜、青椒、花菜、香菇炒匀，再倒入熟螺旋面，加盐调味。

5. 倒入基础白酱，拌匀至酱汁收稠，关火。

Tips

鲜蔬的大小应尽量切得一致，这样不仅美观而且有利于烹煮时受热均匀。

NO.66

诱惑指数：★★★

份量／1人份

白酱水果冷面

材料

熟螺旋面100克，酸奶适量，苹果、火龙果、橙子各20克，香蕉、草莓、奇异果各30克

调料

基础白酱60克

Tips

可根据个人喜好选择喜欢的水果，这样做出来的冷面别有一番滋味。

做法

1. 香蕉去皮切片；洗净去皮的苹果、火龙果、橙子切丁。

2. 洗净去皮的奇异果切扇形片。

3. 洗净的草莓对半切开。

4. 将切好的水果装碗，倒入酸奶、基础白酱、熟螺旋面拌匀即可。

NO.67

诱惑指数：★★★★　　份量／1人份

蛋奶培根笔管面

材料　熟笔管面120克，培根40克，红椒、青椒各1/4个，蛋黄1个，芝士粉少许

调料　橄榄油1小匙，盐2克，奶油白酱120克

做法

1. 洗净的培根切片；洗净的红椒、青椒切细丝。

2. 锅中注入橄榄油烧热，放入培根炒香，加入红椒丝、青椒丝，炒匀。

3. 放盐调味，加入奶油白酱、熟笔管面拌匀至酱汁浓稠。

4. 关火，盛出笔管面，撒上芝士粉，放上蛋黄即可。

NO.68

诱惑指数：★★★★　　份量／1人份

青豆火腿白酱面

材料　熟宽扁面120克，火腿40克，青豆30克，玉米粒20克，蒜末适量

调料　橄榄油1小匙，盐2克，奶油白酱120克

做法

1. 洗净的火腿切丁，备用。

2. 锅中注入橄榄油烧热，放入蒜末爆香。

3. 加入火腿丁炒香，放入玉米粒、青豆略炒，加盐调味。

4. 倒入奶油白酱煮匀，加入熟宽扁面拌匀即可。

NO.69

NO.70

份量／1人份

蔬香猪柳宽扁面

材 料

熟宽扁面150克，猪里脊条80克，西红柿1个，黄椒1/4个，芝士粉适量，西蓝花40克，生菜叶2片，大蒜1瓣

调 料

橄榄油1小匙，基础白酱120克

Tips

焯煮西蓝花时滴入几滴食用油，可保持其青翠的颜色，使其焯水后外表美观。

做 法

1. 洗净的西红柿切薄片；西蓝花切小朵；黄椒切丁；大蒜去皮切末。

2. 锅中沸水烧开，放入西蓝花焯煮至断生，捞出，备用。

3. 锅中注入橄榄油烧热，放入蒜末爆香，放入猪里脊条煎3分钟至熟。

4. 加入黄椒丁炒匀，倒入基础白酱拌匀，关火。

5. 取一盘，垫上洗好的生菜叶，放上熟宽扁面、西蓝花、西红柿、炒好的猪里脊条，撒上芝士粉。

份量／1人份

洋葱牛肉意面

材 料

熟长意面120克，牛肉150克，洋葱1个，青椒1/4个，姜末、蒜末各适量

调 料

橄榄油2大匙，基础白酱100克，柠檬汁少许，盐、白糖、生抽、黑胡椒粉、生粉各适量

Tips

腌渍牛肉时可适当延长时间，会更入味。

做 法

1. 洗净的洋葱切丝；青椒切丁；牛肉切片。

2. 将牛肉片装碗，放入姜末、蒜末、盐、白糖、生抽、生粉，滴上柠檬汁，拌匀，腌渍几分钟至入味。

3. 锅中注入橄榄油烧热，放入洋葱丝、青椒丁炒香，加盐调味，盛出。

4. 余油烧热，倒入腌好的牛肉片炒熟，放入炒好的洋葱丝和青椒丁，加入基础白酱、熟长意面炒匀，盛出，撒上黑胡椒粉即可。

NO.71

诱惑指数：★★★★★

份量／1人份

菠萝鸡肉焗烤笔管面

扫一扫看视频

材料

熟笔管面120克，鸡胸肉50克，芝士片1片，菠萝1个，青椒丁、红椒丁各20克

调料

橄榄油1小匙，盐2克，黑胡椒粉适量，料酒、生粉各少许，奶油白酱120克

做法

1. 洗净的菠萝保留头尾，削去菠萝身的 1/3，取果肉切小块，用锡纸包覆菠萝壳，放入烤盘。

2. 洗净的鸡胸肉切丁，装碗，加入盐、料酒、生粉，拌匀，腌渍至入味。

3. 锅中注入橄榄油烧热，下鸡胸肉炒熟，加入青椒丁、红椒丁、菠萝块炒匀，撒上黑胡椒粉。

4. 关火，放入熟笔管面、奶油白酱拌匀，装入菠萝壳，铺上芝士片，放入预热好的烤箱，以上下火均为180℃烤5分钟至表面微黄即可。

NO.72

诱惑指数：★★★★　　份量／1人份

玉米鸡丁笔管面

材料　熟笔管面100克，鸡腿肉1块，玉米粒50克，紫甘蓝20克，大蒜1瓣

调料　盐2克，白糖、橄榄油、黑胡椒粉各适量，奶油白酱120克

做法

1. 洗净的大蒜切末；紫甘蓝切细丝。

2. 洗净的鸡腿肉切丁，用盐、白糖、黑胡椒粉抹匀腌5分钟。

3. 锅中注入橄榄油烧热，下蒜末爆香，加入玉米粒、鸡腿肉丁，炒香，倒入奶油白酱，混匀。

4. 将煮好的酱汁淋在熟笔管面上，撒上紫甘蓝丝。

NO.73

诱惑指数：★★★★　　份量／1人份

蛤蜊白酱意面

材料　熟长意面80克，蛤蜊10只，洋葱1/4个

调料　橄榄油1小匙，黑胡椒粒少许，奶油白酱100克，白酒1大匙

做法

1. 洗净的洋葱切片，待用。

2. 锅中注入橄榄油烧热，放入洋葱片炒香。

3. 加入奶油白酱、白酒、黑胡椒粒和处理干净的蛤蜊，煮至蛤蜊开口，关火。

4. 放入熟长意面，拌匀即可。

份量／2人份

扇贝焗蝴蝶面

丰腴的扇贝，爽口的虾仁，赋予了意面浓浓的海洋气息，玉米粒、青椒、黄椒又让人品尝到蔬菜的清新，搭配柔滑细腻的白酱，有滋有味。

材料

熟蝴蝶面100克，鲜虾仁50克，扇贝4只，玉米粒、青椒、黄椒各10克，蒜末适量，欧芹碎少许，马苏里拉芝士碎30克

调料

橄榄油1小匙，盐2克，基础白酱80克

做法

1. 洗净的青椒、黄椒切丁。

2. 扇贝洗刷干净，用刀切开，取出扇贝肉，处理好洗干净，保留扇贝壳，备用。

3. 锅中注入橄榄油烧热，放入蒜末炒香，加入青椒丁、黄椒丁炒匀。

4. 加入扇贝肉、虾仁炒熟，加入玉米粒翻炒匀，出锅前加盐调味。

5. 取出4个扇贝壳，均匀地放上熟蝴蝶面、炒好的扇贝肉、虾仁和蔬菜丁，淋入基础白酱，分别撒上马苏里拉芝士碎。

6. 放入预热好的烤箱，以上下火均为180℃，烤5分钟至表面微黄，取出，撒上欧芹碎即可。

Tips

扇贝肉黑色的内脏部分及裙边黄色部分的腮要切除。

扫一扫看视频

诱惑指数：★★★★★

份量／1人份

奶油三文鱼面

材料

熟长意面100克，高汤50毫升，口蘑、蟹味菇各50克，蒜末适量，帕尔玛干酪碎8克，三文鱼150克

调料

橄榄油1大匙，盐2克，奶油白酱120克，柠檬汁1小匙

Tips

若是喜欢三文鱼浓郁的口感，可将鱼肉焖煮至软熟。

做法

1. 洗净的口蘑切片；蟹味菇去蒂撕小块；三文鱼去皮处理好切小块。

2. 锅中注入橄榄油烧热，放入三文鱼、口蘑、蟹味菇，煮至鱼肉稍变色。

3. 放入蒜末小火炒至微黄，加入奶油白酱，加入熟长意面，稍拌一下。

4. 加入高汤、盐和帕尔玛干酪碎，煮至乳化。

5. 盛出煮好的面，加入柠檬汁即可。

诱惑指数：★★★★★

份量／1人份

烤大虾螺旋面

材料

熟螺旋面80克，蛋黄1个，海虾4只，面包糠少许，马苏里拉芝士碎适量，欧芹碎8克

调料

盐1克，基础白酱250克，生粉少许

Tips

海虾可以换成其他海鲜，如螃蟹、扇贝肉等，味道一样鲜甜。

做法

1. 海虾去头、去壳，用生粉拌匀，洗净，沥干水，放上少许盐。

2. 平底锅中加入熟螺旋面、基础白酱，放入蛋黄，迅速搅拌匀。

3. 装入烤盘，再放上虾仁、马苏里拉芝士碎和面包糠。

4. 将烤盘放入预热200℃的烤箱中层，烤15分钟左右。

5. 至面包糠泛黄，取出，撒上欧芹碎即成。

NO.77

诱惑指数：★★★★

份量／1人份

奶香鱿鱼意面

材料

熟长意面100克，鱿鱼60克，西蓝花30克，高汤100毫升

调料

橄榄油1小匙，白酒15毫升，盐2克，奶油白酱100克

Tips

可根据个人喜好将鱿鱼换成其他海鲜，味道一样鲜甜。

做法

1. 洗净的鱿鱼切花刀。

2. 洗净的西蓝花切小朵。

3. 将西蓝花放入沸水中焯煮至断生，捞出，沥干水分。

4. 锅中注入橄榄油烧热，放入鱿鱼炒香，加入西蓝花炒匀。

5. 倒入白酒、高汤、奶油白酱拌匀。

6. 放入熟长意面拌匀，加入盐调味。

NO.78

诱惑指数：★★★★ 　　份量／1人份

胡萝卜蟹棒烤天使面

材　料　熟天使细面120克，蟹棒6根，胡萝卜、玉米粒、洋葱各40克，马苏里拉芝士碎30克

调　料　橄榄油1小匙，盐2克，黑胡椒粉少许，奶油白酱120克

做　法

1. 洗净的胡萝卜、洋葱切丁，备用。

2. 锅中注入橄榄油烧热，放入洋葱丁炒香，加入胡萝卜丁炒软，放入玉米粒略炒，加盐调味。

3. 倒入奶油白酱，加入蟹棒、熟天使细面，拌匀。

4. 关火，盛入烤盘，撒上马苏里拉芝士碎、黑胡椒粉，放入预热好的烤箱，以上下火均为200℃，烤10分钟即可。

NO.79

诱惑指数：★★★★ 　　份量／1人份

金枪鱼沙拉蝴蝶面

材　料　熟蝴蝶面100克，罐头金枪鱼80克，小黄瓜1根，紫甘蓝40克，圣女果6个，黑橄榄4个，芝士粉适量

调　料　奶油白酱80克

做　法

1. 洗净的小黄瓜去皮切圆片；紫甘蓝切细丝；圣女果对半切开；黑橄榄切圈；金枪鱼控水切碎。

2. 取一盘，铺上小黄瓜片、金枪鱼碎。

3. 加入圣女果、黑橄榄圈，淋入奶油白酱，放上熟螺旋面拌匀，最后摆上紫甘蓝丝，撒上芝士粉。

NO.80

誘惑指数：★★★★

份量／1人份

海鲜焗烤贝壳面

材料

熟贝壳面150克，虾90克，墨鱼60克，蛤蜊100克，蒜末适量，高汤150毫升，马苏里拉芝士碎80克

调料

橄榄油1小匙，白酒15毫升，基础白酱120克

Tips

将虾处理成开边虾，方便食用且口感更佳。

做法

1. 洗净的墨鱼切圈；蛤蜊放入清水中吐沙；虾对半切成开边，尾部不要切断。

2. 水烧开，放入所有海鲜焯煮至熟，捞出备用。

3. 锅中注入橄榄油烧热，放入蒜末炒香。

4. 加入海鲜翻炒，淋入白酒炒匀，加入基础白酱、高汤拌匀。

5. 取一烤盘，倒入煮好的海鲜酱汁，放上熟贝壳面，铺上马苏里拉芝士碎，放入预热好的烤箱，以上下火均为180℃烤10分钟即可。

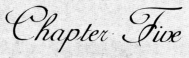

Chapter Five

神秘墨晕:

黑酱意大利面

黑酱是最为常见的意大利面酱之一,
主要从墨鱼囊中挤出墨汁加工制作而成,
是海鲜意大利面的绝佳伴侣,
给味蕾带来原汁原味的享受。
翻开本章,一起学做黑酱意大利面吧!

特色黑酱做起来

意大利黑酱（Squid-Ink Sauce）是以墨鱼汁为主要原料制成的酱汁，主要佐于墨鱼、鲜虾等海鲜类意大利面。由于制作黑酱需要从墨鱼囊中挤出墨汁，操作比较麻烦，加上食用黑酱后嘴巴和牙齿都会变黑，因此黑酱并不为国人所广泛接受。然而，黑酱高贵神秘的色泽，别具一格的海洋风味，使其在众多意大利面酱中独树一帜，同样吸引了无数食客。下面就教大家制作两款特色黑酱。

墨鱼煮汁

制作时间：8min

材料：墨鱼囊1个，番茄酱100克，洋葱碎、胡萝卜碎、红辣椒碎、旱芹碎各20克，白酒20毫升，蒜末、欧芹碎各适量，橄榄油1小匙

做法：

①挤出墨鱼囊里的墨汁装碗，备用。

②平底锅中注入橄榄油烧热，放入洋葱碎、胡萝卜碎、旱芹碎，炒至微熟。

③加蒜末、红辣椒碎，炒至蒜末微黄，倒入白酒，煮至挥发，加入番茄酱、墨鱼汁、欧芹碎，煮至酱汁略稠。

黑酱

制作时间：8min

材料：墨鱼囊1个，洋葱碎50克，蒜末20克，白酒50毫升，高汤80毫升，柠檬汁30毫升，月桂叶碎、水淀粉、黑胡椒粉、盐、白糖各适量，橄榄油1小匙

做法：

①墨鱼囊里挤出墨汁装碗，备用。

②锅中注入橄榄油烧热，放入月桂叶碎、洋葱碎与蒜末爆香，倒入墨鱼汁、柠檬汁、白酒、高汤，用小火煮2分钟。

③加入黑胡椒粉、盐、白糖，用水淀粉勾芡，使酱汁更浓稠即可。

NO.81

诱惑指数：★★★

份量／1人份

甜椒意面盅

材料

熟宽扁面100克，黄甜椒2个，胡萝卜、青豆、玉米粒各20克，黄油10克，马苏里拉芝士碎30克

调料

盐2克，黑酱60克，黑胡椒粉适量

Tips

若甜椒形状不正，可适当切除底部使其立稳。

做法

1. 洗净的胡萝卜去皮切丁；黄甜椒切除1/3，挖空内部留下外壳，备用。

2. 锅中放入黄油烧溶，加入胡萝卜丁、青豆、玉米粒炒熟，加盐、黑胡椒粉调味，倒入黑酱、熟宽扁面拌匀。

3. 取出黄甜椒壳，分别倒入拌好的宽扁面，撒上马苏里拉芝士碎。

4. 放入预热好的烤箱，以上下火180℃烤5分钟即可。

诱惑指数：★ ★ ★ ★

份量／1人份

西葫芦热沙拉意面

青翠的西葫芦，红艳的圣女果，神秘的黑酱，给人以鲜明的视觉冲击，一切都是那么活泼，就像一首极富动感的曲子，妙不可言。

材料

熟长意面100克，西葫芦40克，圣女果30克，培根20克，熟鸡蛋1个，黄油10克

调料

盐2克，黑酱60克，黑胡椒粉适量

做法

1. 洗净的西葫芦切扇形片；圣女果对半切开；培根切丁；熟鸡蛋取出蛋白切块。

2. 锅中放入黄油烧溶，加入培根炒香。

3. 放入西葫芦、圣女果、蛋白略微翻炒，加盐、黑胡椒粉调味。

4. 盛入盘中，放上熟长意面、黑酱，拌匀。

Tips

可将西葫芦切成圆形薄片，这样更易入味。

诱惑指数：★ ★ ★

份量／**1人份**

秋葵炒黑酱意面

黑酱意面上的秋葵就好像神秘夜空中的星宿，别具意韵。如果不喜欢黑酱的单调，那么芝士粉正好使意面的味道更富层次感。

材 料

熟长意面100克，秋葵40克，蒜末、芝士粉各适量

调 料

橄榄油1小匙，盐2克，黑酱60克

做 法

1. 洗净去蒂的秋葵切片，备用。

2. 锅中沸水烧开，加少许盐，放入秋葵焯烫1分钟，去除涩味，捞出，沥干水分。

3. 锅中注入橄榄油烧热，放入蒜末、秋葵，炒香。

4. 加入熟长意面、黑酱，炒匀。

5. 装盘，撒上芝士粉即可。

Tips

烹饪秋葵前用生粉将其揉搓匀，再用清水冲干净，可以去除其黏液。

NO.84

诱惑指数：★ ★ ★

份量／1人份

紫苏松子意面

材 料

熟长意面100克，紫苏、松子各30克，帕尔玛干酪碎20克

调 料

橄榄油1小匙，黑酱50克

Tips

紫苏丝不宜切太细，以免炒碎。

做 法

1. 洗净沥干的紫苏切丝，备用。

2. 锅中注入橄榄油烧热，放入紫苏丝炒香，加入松子炒香，盛出，备用。

3. 锅中放入熟长意面，倒入黑酱煮匀。

4. 装盘，放上紫苏丝、松子，撒上帕尔玛干酪碎即可。

诱惑指数：★★★★

份量／1人份

腰果宽扁面

材料

熟宽扁面120克，洋葱20克，腰果碎50克，松子30克

调料

橄榄油1小匙，盐2克，黑胡椒粉少许，黑酱60克

做法

1. 洗净的洋葱切丁。

2. 锅中注入橄榄油烧热，放入洋葱丁炒香，加入腰果碎、松子炒匀。

3. 起锅前加盐、黑胡椒粉调味。

4. 熟宽扁面装碗，倒入黑酱拌匀。

5. 盛盘，放上炒好的配料即可。

NO.86

誘惑指数：★★★★

份量／1人份

菌菇黑酱意面

材料

熟长意面120克，蒜末适量，杏鲍菇、香菇、口蘑各30克

调料

橄榄油1小匙，黑酱80克，盐2克

Tips

炒菌菇时应把控好时间，以免影响其口感。

做法

1. 洗净的杏鲍菇、口蘑切片；香菇切花刀，备用。

2. 锅中注入橄榄油烧热，放入蒜末炒香。

3. 加入杏鲍菇、口蘑、香菇炒熟炒匀，加盐调味。

4. 倒入黑酱、熟长意面拌匀即可。

份量╱1人份

生菜沙拉蝴蝶面

材料

熟蝴蝶面80克，生菜碎50克，熟鸡胸肉丝40克，玉米粒、胡萝卜丁各30克

调料

橄榄油1小匙，盐2克，黑胡椒粉适量，黑酱50克

做法

1. 锅中注入橄榄油烧热，放入胡萝卜丁、玉米粒炒熟。

2. 加入熟鸡胸肉丝炒匀。

3. 加盐、黑胡椒粉调味，盛出，备用。

4. 碗中倒入熟蝴蝶面、黑酱，拌匀后装盘，放上炒好的配料及生菜碎即可。

NO.88

—— 诱惑指数：★★★★★ ——

份量／1人份

新奥尔良风味宽扁面

扫一扫看视频

材料

熟宽扁面100克，黄油10克，鸡腿肉80克，新奥尔良粉适量，红椒、口蘑、洋葱各20克

调料

橄榄油1小匙，墨鱼煮汁80毫升

做法

1. 洗净的鸡腿肉切块；红椒切丁；口蘑切片；洋葱切片。

2. 鸡腿肉装碗，放入新奥尔良粉，腌渍至入味。

3. 锅中注入橄榄油烧热，放入洋葱炒香，加入红椒、口蘑炒熟。

4. 倒入墨鱼煮汁、熟宽扁面拌匀，装盘。

5. 锅中放入黄油烧溶，加入腌好的鸡腿肉炒熟，盛入拌好的宽扁面盘中即可。

NO.89

诱惑指数：★★★★★　　份量／1人份

蒜香丸子宽扁面

材料　熟宽扁面120克，墨鱼丸、牛肉丸、猪肉丸各40克，大蒜2瓣，欧芹碎少许

调料　橄榄油、黑胡椒粉各适量，黑酱60克

做法

1. 洗净的大蒜切片；墨鱼丸、牛肉丸、猪肉丸对半切开，切花刀。

2. 锅中注入橄榄油烧热，放入蒜片炒香。

3. 加入墨鱼丸、牛肉丸、猪肉丸炒至开花，撒入黑胡椒粉调味。

4. 盛入盘中，放入用黑酱拌好的熟宽扁面，撒上欧芹碎即可。

NO.90

诱惑指数：★★★★　　份量／1人份

黑酱牛柳意面

材料　熟长意面100克，牛肉80克，火腿30克，洋葱20克，黄油10克

调料　黑胡椒粉适量，黑酱60克

做法

1. 洗好的牛肉切碎；火腿切丁；洋葱切末。

2. 锅中放入黄油烧溶，加入洋葱末炒香。

3. 放入牛肉、火腿炒熟，加黑胡椒粉调味。

4. 倒入黑酱拌匀，煮至酱汁收稠。

5. 取一盘，盛入熟长意面，浇上煮好的酱汁。

诱惑指数：★★★★★

份量／2人份

烟熏肠焗烤笔管面

墨鱼煮汁的海洋气息，烟熏肠的异国情调，玉米粒、口蘑、青豆的田园风味，合奏出一曲美妙的味觉交响，香浓细腻的芝士又给人满满的幸福感。

材料

熟笔管面100克，烟熏肠50克，玉米粒、口蘑各30克，青豆20克，帕尔玛干酪碎、面包糠各适量，欧芹碎少许

调料

橄榄油1小匙，墨鱼煮汁50毫升

做法

1. 洗净的口蘑切片；烟熏肠切薄片，备用。

2. 锅中注入橄榄油烧热，放入烟熏肠炒香，加入玉米粒、口蘑、青豆炒熟。

3. 加熟笔管面；倒入墨鱼煮汁拌匀，煮至酱汁收稠。

4. 装碗，撒上帕尔玛干酪碎，铺上面包糠。

5. 放入预热好的烤箱，以上下火均为180℃，烤5分钟至表面微黄。

6. 取出，撒上欧芹碎即可。

Tips

可将烟熏肠换成萨拉米肠，这样风味更佳。

NO.92

NO.93

NO.92

份量／1人份

彩椒青口螺旋面

材 料

熟螺旋面100克，青口80克，大蒜1瓣，红椒、黄椒、青椒各30克

调 料

橄榄油1小匙，墨鱼煮汁50毫升

Tips

青口可提前放入清水中吐尽沙泥。

做 法

1. 洗净的红椒、黄椒、青椒切丁；大蒜去皮切末。

2. 锅中注入橄榄油烧热，加入蒜末爆香。

3. 放入红椒、黄椒、青椒炒匀，加入青口、墨鱼煮汁，煮至青口开口。

4. 盘中盛入熟螺旋面，浇上煮好的酱汁。

NO.93

诱惑指数：★★★

份量／1人份

墨鱼煮汁贝壳面

材 料

熟贝壳面100克，墨鱼身1只，高汤50毫升，大蒜1瓣，红椒1/4个

调 料

橄榄油1大匙，墨鱼煮汁50毫升

Tips

将墨鱼煮汁倒入搅拌机中搅拌，口感会更加细腻。

做 法

1. 洗净的大蒜切片；红椒去籽切碎；墨鱼身处理好后洗净，从中间纵向切开，切成片。

2. 平底锅中注入橄榄油，待油热，放入蒜片、红椒碎，炒至大蒜微黄。

3. 加入墨鱼煮汁，稍煮片刻，放入墨鱼片，拌匀。

4. 加入熟贝壳面、高汤、盐及橄榄油，充分搅匀至酱汁乳化即可。

NO.94

诱惑指数：★★★★

份量／1人份

龙利鱼烩宽扁面

材料

熟宽扁面、龙利鱼各80克，西蓝花40克，欧芹碎少许

调料

橄榄油1小匙，盐2克，黑胡椒粉适量，黑酱50克

Tips

由于龙利鱼鱼肉很嫩，煎制时间不宜过长。

做法

1. 洗净的龙利鱼切小块；西蓝花切小朵，备用。

2. 将龙利鱼块装碗，撒入盐、黑胡椒粉腌渍至入味。

3. 锅中沸水烧开，放入西蓝花，焯煮至断生，捞出。

4. 锅中注入橄榄油烧热，放入腌好的龙利鱼，煎至两面微黄，盛出。

5. 锅中放入熟宽扁面，倒入黑酱，翻炒匀。

6. 装盘，撒上欧芹碎，摆上西蓝花、龙利鱼即可。

NO.95

诱惑指数：★★★★★　　份量／1人份

香煎三文鱼墨汁面

材料　熟长意面100克，三文鱼柳1片，大蒜1瓣

调料　橄榄油1小匙，黑胡椒粉适量，墨鱼煮汁60毫升

做法

1. 洗净的三文鱼柳切块；大蒜去皮切末。

2. 锅中注入橄榄油烧热，放入蒜末爆香。

3. 加入三文鱼块，煎至两面微黄，加黑胡椒粉调味。盛出煎好的三文鱼，备用。

4. 盘中放入熟长意面，淋上墨鱼煮汁，放上三文鱼块即可。

NO.96

诱惑指数：★★★★★　　份量／1人份

烟熏三文鱼意面

材料　熟长意面100克，烟熏三文鱼50克，玉米粒30克，红葱头20克，黄油10克

调料　黑胡椒粉适量，墨鱼煮汁60毫升

做法

1. 洗净去皮的红葱头切丁；烟熏三文鱼切片。

2. 锅中放入黄油烧溶，加入红葱头炒香。

3. 下烟熏三文鱼、玉米粒翻炒，加黑胡椒粉调味。

4. 原锅放入熟长意面，倒入墨鱼煮汁煮匀，装盘，放上炒好的烟熏三文鱼即可。

诱惑指数：★★★★★

份量／**2人份**

焗小章鱼贝壳面

小巧的贝壳面被香浓的芝士包裹，其中还渗着高汤的鲜美，加上口感爽脆的小章鱼、肉质紧实的虾仁，令人一试难忘。

材料

熟贝壳面100克，口蘑60克，小章鱼80克，鲜虾仁50克，洋葱、红椒各20克，高汤80毫升，马苏里拉芝士碎30克

调料

橄榄油1小匙，盐2克，黑酱50克

做法

1. 洗净的口蘑切片；洋葱、红椒切丁。

2. 锅中沸水烧开，放入处理好的小章鱼、鲜虾仁，烫熟后捞出，备用。

3. 锅中注入橄榄油烧热，放入洋葱丁炒香，加入口蘑炒匀。

4. 倒入高汤、黑酱，煮匀，放入小章鱼、鲜虾仁、红椒，炒至汤汁收稠。

5. 加入熟贝壳面，出锅前加盐调味。

6. 装入烤碗，撒上马苏里拉芝士碎，放入预热好的烤箱，以上下火180℃烤5分钟至表面微黄即可。

Tips

将红辣椒切去头尾，双手揉搓，可快速去籽。

扫一扫看视频

诱惑指数：★ ★ ★ ★

份量／**1人份**

鳕鱼花蛤贝壳面

鳕鱼、花蛤、墨鱼煮汁，这款意面充满海洋气息，迷迭香的馥郁，蒜末的辛香，更起到了
去腥提鲜的作用。

材 料

熟贝壳面80克，鳕鱼90克，花蛤
100克，胡萝卜50克，清汤80毫
升，迷迭香、蒜末各少许

调 料

橄榄油2小匙，黑胡椒粉、盐各少
许，白酒1大匙，墨鱼煮汁100毫升

做 法

1. 洗净的鳕鱼切片；洗净去皮的胡萝卜切
   小条。

2. 锅中注水烧开，放入胡萝卜条，煮2分钟
   至断生，捞出，备用。

3. 取一碗，放入鳕鱼片，加盐、黑胡椒
   粉、蒜末、迷迭香，腌渍10分钟。

4. 平底锅注入橄榄油，小火烧热，放入蒜
   末，炒至微黄。

5. 加入洗好的花蛤，倒入白酒，煮至花蛤
   开口。

6. 放入腌渍好的鳕鱼片、清汤，煮2分钟，
   加入熟贝壳面、墨鱼煮汁，煮至酱汁与
   面条充分拌匀。

7. 盛出煮好的贝壳面，放上胡萝卜条，撒
   上黑胡椒粉即可。

Tips

花蛤本身富有鲜味及咸味，
可少放盐。

扫一扫看视频

NO.99

份量／1人份

黑橄榄金枪鱼宽扁面

材料

熟宽扁面100克，罐头金枪鱼80克，火腿30克，尖椒20克，黑橄榄、蒜末各适量

调料

橄榄油1小匙，黑酱50克

Tips

黑橄榄可整颗放入，这样食用时口感更加浓郁。

做法

1. 洗净的尖椒去籽切丝；黑橄榄切圈。

2. 火腿切片；金枪鱼控干水分切碎。

3. 锅中注入橄榄油烧热，放入蒜末、尖椒丝炒香。

4. 加入火腿片、金枪鱼、熟宽扁面，炒匀。

5. 装盘，放入黑橄榄，淋上黑酱即可。

NO.100

诱惑指数：★★★★★

份量／1人份

蟹柳焗烤天使面

材料

熟天使细面80克，蟹柳100克，蟹味菇50克，红葱头1个，芝士2片

调料

橄榄油1小匙，盐2克，黑酱60克，黑胡椒粉适量

Tips

可用蟹肉代替蟹柳，这样味道更加鲜甜。

做法

1. 洗净的蟹味菇、蟹柳切段；洗净去皮的红葱头切碎。

2. 锅中注入橄榄油烧热，加入红葱头爆香。

3. 放入蟹味菇、蟹柳炒香，加盐、黑胡椒粉调味，加入熟天使细面，炒匀。

4. 取一烤碗，铺上炒好的天使细面，淋入黑酱拌匀，最后放上芝士片。

5. 放入预热好的烤箱，以上下火均为200℃，烤5分钟至表面金黄即可。

NO.101

誘惑指数：★★★★★

份量／1人份

芦笋鳕鱼宽扁面

材料

熟宽扁面、鳕鱼肉各100克，芦笋60克，红葱头1个，黄油10克，高汤适量

调料

橄榄油1小匙，盐2克，黑胡椒粉少许，柠檬汁1小匙，墨鱼煮汁60毫升

Tips

芦笋切好后，可先用清水浸泡，以去除其苦味。

做法

1. 洗净的鳕鱼肉切片；芦笋去除尾部老硬部分，斜切成段；红葱头切碎。

2. 鳕鱼肉用柠檬汁、盐、黑胡椒粉抹匀腌渍。

3. 锅中注入橄榄油烧热，放入红葱头炒香，加入芦笋段、高汤，煮至芦笋熟软，捞出。

4. 锅中放入黄油烧溶，加入腌好的鳕鱼片，煎至两面微黄，盛出。

5. 取一盘，放上熟宽扁面，淋入墨鱼煮汁拌匀，放上鳕鱼片及芦笋段即可。

NO.102

诱惑指数：★★★★★　　份量／1人份

鸡腿菇墨鱼宽扁面

材料　熟宽扁面100克，鸡腿菇、墨鱼各80克，蒜末、欧芹碎、芝士粉各适量

调料　橄榄油1小匙，盐2克，黑胡椒粉少许，黑酱60克

做法

1. 洗净的鸡腿菇切片；处理好的墨鱼切花刀，备用。

2. 锅中注入橄榄油烧热，放入蒜末爆香，加鸡腿菇炒软。

3. 放入墨鱼炒熟，加盐、黑胡椒粉调味，倒入黑酱、熟宽扁面，炒匀。

4. 装盘，撒上芝士粉、欧芹碎即可。

NO.103

诱惑指数：★★★★★　　份量／1人份

海鲜墨汁意面

材料　熟长意面100克，鲜虾、蟹棒、鲍鱼肉、三文鱼各50克

调料　橄榄油、黑胡椒粉、墨鱼煮汁各适量

做法

1. 洗净的蟹棒切段；鲜虾一半取虾仁，一半备用；三文鱼切丁。

2. 水烧开，放入虾仁、蟹棒、鲍鱼肉烫熟，捞出。

3. 锅中注入橄榄油烧热，放入三文鱼，煎至两面微黄，撒上黑胡椒粉调味。

4. 加入虾仁、蟹棒、鲍鱼肉和熟长意面，炒匀，倒入墨鱼煮汁，拌匀，煮至酱汁收稠即可。

NO.104

诱惑指数：★ ★ ★ ★

份量／1人份

南瓜鲜虾仁宽扁面

材 料

熟宽扁面100克，南瓜、鲜虾仁各60克，蒜末、芝士粉各适量

调 料

橄榄油1小匙，盐2克，黑胡椒粉适量，墨鱼煮汁50毫升

Tips

烫虾仁时要把控好时间，以免口感过老。

做 法

1. 洗净的南瓜切片。

2. 鲜虾仁放入沸水锅中烫熟。

3. 锅中注入橄榄油烧热，放入蒜末爆香，加入南瓜片略炒，盛出。

4. 原锅倒入墨鱼煮汁，放入熟宽扁面，拌匀，收汁，加盐、黑胡椒粉调味。

5. 装盘，铺上炒好的南瓜片和烫熟的虾仁，撒上芝士粉即可。

Chapter Six

异域风情:

混搭意大利面

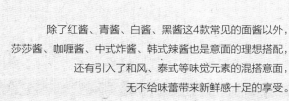

除了红酱、青酱、白酱、黑酱这4款常见的面酱以外，
莎莎酱、咖喱酱、中式炸酱、韩式辣酱也是意面的理想搭配，
还有引入了和风、泰式等味觉元素的混搭意面，
无不给味蕾带来新鲜感十足的享受。
翻开本章，一起学做混搭意大利面吧!

特色酱汁做起来

　　除了红酱、青酱、白酱、黑酱这4款常见的意大利面酱以外，适应东方人口味的中式炸酱、韩式辣酱等也是意大利面的特色搭配，这种混搭不但极富异域风情，而且新鲜感十足。莎莎酱、咖喱酱更堪称意大利面的经典搭配，成了许多意面爱好者的选择。下面就教大家制作莎莎酱和咖喱酱。

莎莎酱

制作时间：8～10min

材料： 西红柿2个，墨西哥小辣椒2个，洋葱1/4个，香菜适量，大蒜2瓣，红甜椒半个，青柠汁20毫升

做法：

①西红柿、墨西哥小辣椒、洋葱、香菜、大蒜、红甜椒均切成末，放入榨汁机中。

②加入青柠汁，拌匀，搅打成汁。

③将搅打好的酱汁放入冰箱冷藏半小时即成。

咖喱酱

制作时间：8～10min

材料： 黄油、蒜末、咖喱粉各20克，洋葱末、西芹末、土豆丁、苹果丁各50克，盐、月桂叶各少许，奶油白酱30克

做法：

①将土豆丁、苹果丁、奶油白酱放入料理机中，加入适量清水，打成蔬果泥。

②锅中放入黄油烧溶，下蒜末炒至微黄，放入洋葱末、西芹末、咖喱粉、月桂叶炒香，加入清水，小火煮10分钟。

③将蔬果泥放入锅中，拌煮20分钟，至汤汁收干2/3，加盐调味即成。

NO.105

份量╱1人份

咖喱土豆意面

材 料

熟长意面100克，土豆50克，胡萝卜、洋葱各30克

调 料

食用油5毫升，咖喱酱100克

Tips

切好的土豆放入清水中浸泡，可防止氧化变黑。

做 法

1. 洗净去皮的洋葱切碎；土豆、胡萝卜切小丁，备用。

2. 锅中入油，烧热后放入洋葱炒香。

3. 炒至洋葱变透明，放入土豆翻炒。

4. 加胡萝卜继续翻炒，炒至六分熟，倒入咖喱酱，拌匀。

5. 放入熟长意面，翻炒匀，小火炖煮，至蔬菜软烂、汤汁变稠即可。

NO.106

NO.107

诱惑指数：★★★★

份量／1人份

茄子莎莎酱宽扁面

材料

熟宽扁面100克，茄子50克，蒜末20克，红辣椒1根

调料

食用油5毫升，莎莎酱60克，黑胡椒碎适量

Tips

除了选用紫色茄子外，也可用绿皮茄子替代。

做法

1. 洗净的茄子切丁；去籽的红辣椒切丁，备用。

2. 热锅注油，放入蒜末爆香。

3. 加入红辣椒、茄丁，中火炒出茄子水分。

4. 倒入莎莎酱，煮至茄子熟软。

5. 盘中盛入熟宽扁面，浇上煮好的酱汁，撒上黑胡椒碎即可。

诱惑指数：★★★★★

份量／1人份

莎莎酱鲜鱿天使细面

材料

熟天使细面150克，鲜鱿鱼70克，洋葱、培根各20克

调料

橄榄油10克，莎莎酱100克，盐、黑胡椒粉各少许

Tips

将烫熟的鱿鱼圈浸泡清水中，可使其口感爽脆。

做法

1. 洗净的洋葱切丁；培根切丁；鲜鱿鱼洗净切圈，备用。

2. 将鱿鱼圈倒入沸水锅中烫熟。

3. 锅中注入橄榄油烧热，加入洋葱、培根炒香。

4. 放入熟天使细面，加鱿鱼圈炒匀。

5. 淋上莎莎酱，撒上黑胡椒粉、盐，炒匀即成。

NO.108

诱惑指数：★★★★

份量／1人份

咖喱牛肉螺旋面

扫一扫看视频

材料

熟螺旋面120克，牛肉80克，去皮胡萝卜40克，红葱头1个

调料

橄榄油5毫升，盐2克，咖喱酱100克，料酒、生粉各适量

做法

1. 洗净的牛肉切块；去皮胡萝卜切丁；红葱头切丁，备用。

2. 牛肉块装碗，放盐、料酒、生粉，拌匀，腌渍至入味。

3. 锅中注入橄榄油烧热，放入红葱头炒香，加入胡萝卜炒软。

4. 放入牛肉丁略炒，倒入咖喱酱拌匀。

5. 煮至酱汁浓稠，加入熟螺旋面翻炒入味。

NO.109

诱惑指数：★★★★★　　份量／1人份

和风秋刀鱼意面

材 料　熟长意面100克，秋刀鱼1条，蒜末、葱花各适量，海苔丝少许

调 料　橄榄油、白酒、酱油各适量，花椒粉少许

做 法

1. 洗净处理好的秋刀鱼剔除腹骨，切成6片。

2. 锅中注入橄榄油烧热，加入蒜末炒香。

3. 放入秋刀鱼，煎至两面微黄，沿锅边倒入白酒。

4. 加入熟长意面，淋入酱油，翻炒匀。

5. 装盘，撒上花椒粉、葱花、海苔丝即可。

NO.110

诱惑指数：★★★★★　　份量／1人份

蒲烧鳗鱼意面

材 料　熟长意面100克，蒲烧鳗鱼1条，鸡蛋1个，白芝麻适量，海苔碎少许

调 料　食用油5毫升，味啉、白糖、酱油各适量

做 法

1. 锅中注油烧热，打入鸡蛋，摊成蛋皮，盛出切丝。

2. 将蒲烧鳗鱼切段，放进微波炉加热2分钟。

3. 锅中放入味啉、酱油、白糖，煮至酱汁略微浓稠，备用。

4. 取盘放上熟长意面，摆上鳗鱼段、蛋皮丝。

5. 淋上酱汁，撒上海苔碎、白芝麻即可。

NO.111

诱惑指数：★★★★

份量／1人份

日式纳豆意面

扫一扫看视频

材料

熟长意面100克，纳豆1盒，罐头金枪鱼50克，白洋葱半个，白芝麻、葱花、海苔丝各少许，高汤20毫升

调料

橄榄油5毫升，酱油适量，芝麻油1小匙

做法

1. 洗净的白洋葱切片；罐头金枪鱼滤掉水分，切碎。

2. 纳豆用筷子不断搅拌，直至出丝。

3. 锅中倒入橄榄油，放入白洋葱片炒香。

4. 放入熟长意面、金枪鱼碎，翻炒匀。

5. 倒入高汤，淋入酱油、芝麻油，撒上葱花，拌匀。

6. 装盘，放上搅拌好的纳豆，撒上海苔丝、白芝麻即可。

NO.112

诱惑指数：★★★★★　　份量／1人份

韩国辣酱意面

材料　熟宽扁面100克，培根30克，洋葱20克，欧芹碎少许

调料　橄榄油5毫升，韩国辣酱30克，盐2克，黑胡椒粉少许

做法

1. 洗净的洋葱切碎；培根切丁，备用。

2. 锅中注入橄榄油烧热，放入洋葱碎、培根丁炒香。

3. 待洋葱炒软，倒入韩国辣酱、熟宽扁面，翻炒匀。

4. 加入盐、黑胡椒粉调味。

5. 装盘，撒上欧芹碎即可。

NO.113

诱惑指数：★★★★　　份量／1人份

辣白菜五花肉螺旋面

材料　熟螺旋面100克，五花肉80克，辣白菜50克，大蒜1瓣

调料　食用油5毫升，料酒20毫升，盐2克，白糖适量，生粉少许，黑胡椒粉3克

做法

1. 洗净的五花肉切薄片；大蒜去皮切末；辣白菜切丝。

2. 将切好的五花肉装碗，加入盐、白糖、料酒、生粉拌匀，腌渍至入味。

3. 锅中注油烧热，放入蒜末爆香。

4. 加入腌好的五花肉、辣白菜，翻炒匀。

5. 倒入熟螺旋面炒匀，出锅前加黑胡椒粉调味。

NO.114

NO.115

NO.114

诱惑指数：★★★★★

份量／1人份

冬阴功意面

扫一扫看视频

材料

熟长意面100克，椰浆30毫升，鲜虾仁60克，去皮西红柿1个，口蘑30克，豌豆苗20克，蒜末适量，青柠檬4片

调料

橄榄油5毫升，水淀粉适量，泰式酸辣酱30克

Tips

西红柿底部插一根筷子，放在火上烤一会儿，其外皮就会自动开裂。

做法

1. 去皮西红柿切小块；口蘑去蒂切片，备用。

2. 豌豆苗放入沸水锅中焯熟，捞出沥干。

3. 锅中注入橄榄油烧热，放入蒜末炒香，加入西红柿炒软。

4. 倒入泰式酸辣酱、椰浆，煮匀。

5. 放入口蘑片、鲜虾仁，炒匀，加水淀粉勾芡，煮至酱汁浓稠。

6. 将熟长意面装盘，淋上煮好的酱汁，摆上焯好的豌豆苗和青柠檬片即可。

NO.115

诱惑指数：★★★★

份量／1人份

泰式凉拌螺旋面

材料

熟螺旋面100克，蟹柳、火腿、洋葱、芹菜、圣女果各30克，红辣椒20克，柠檬半个

调料

盐2克，白糖、鱼露各适量

Tips

洋葱放入凉白开里浸泡，能使其口感更加爽脆。

做法

1. 洗净的洋葱切丁，泡在凉白开里；洗净的芹菜切段；洗净的圣女果对半切开；洗净的红辣椒切片；洗净的蟹柳、火腿切丁。

2. 水烧开，放入芹菜焯煮至断生，捞出沥干。

3. 放入蟹柳丁、火腿丁焯熟，捞出沥干。

4. 将熟螺旋面、洋葱丝、芹菜段、圣女果、红辣椒片、蟹柳丁、火腿丁装碗，拌匀。

5. 淋入鱼露，加入盐、白糖调味，挤上柠檬汁，拌匀即可。

NO.116

诱惑指数：★★★★★

份量／1人份

普罗旺斯烤蔬菜意面

材料

熟长意面100克，洋葱、圣女果、帕尔玛干酪碎各20克，蒜末10克，茄子、西葫芦各30克，罗勒碎、欧芹碎、百里香碎各适量

调料

橄榄油5毫升，盐2克，黑胡椒粉适量

Tips

可根据个人口味添加喜欢的蔬菜。

做法

1. 洗净的西葫芦、茄子去皮切块；洋葱切块；圣女果对半切开，装入大碗。

2. 取一小碗，放入橄榄油、蒜末、罗勒碎、百里香碎、盐、黑胡椒粉，拌匀。

3. 倒入大碗，使蔬果的表面裹上一层调料。

4. 将蔬菜块均匀铺在铺了锡纸的烤盘上，放入预热好的烤箱，以上下火均为200℃烤5分钟。

5. 熟长意面装盘，铺上烤好的蔬菜，撒上欧芹碎、帕尔玛干酪碎即可。

NO.117

诱惑指数：★★★★　　份量／1人份

鱼香蝴蝶面

材料　熟蝴蝶面100克，红椒1个，黄瓜半根，葱花、蒜末、泡红辣椒各10克，姜末5克

调料　食用油5毫升，盐少许，白糖5克，白醋5毫升，酱油1克，生粉15克

做法

1. 洗净的红椒去籽切菱形块；黄瓜切丁；泡红辣椒跺成末。

2. 碗中放入生粉、盐、白糖、白醋、酱油、水兑成芡汁。

3. 锅烧热，下油，倒入泡红辣椒末、蒜末、姜末炒香。

4. 加熟蝴蝶面炒匀，放入红椒块、黄瓜丁同炒。

5. 倒入芡汁炒匀，撒上葱花即可。

NO.118

诱惑指数：★★★★　　份量／1人份

中式炒意面

材料　熟长意面100克，胡萝卜、洋葱、包菜、熟白芝麻各适量，荷包蛋1个

调料　食用油、生抽、老抽各5毫升，蚝油10克，白糖、盐各适量

做法

1. 洗净的胡萝卜、洋葱、包菜切细丝，放入油锅中炒至微软。

2. 加入生抽、老抽、蚝油，拌炒均匀。

3. 加入熟长意面炒匀，加盐、白糖调味。

4. 装盘，放上荷包蛋，撒上熟白芝麻增香即可。

份量／1人份

炸酱笔管面

意大利面搭配传统中式炸酱，充分地照顾了东方人的口味，胡萝卜、黄瓜、豆芽又中和了炸酱的油腻感，使味道浓淡有致。

材料

熟笔管面100克，胡萝卜、黄瓜各1根，豆芽200克，五花肉80克，大葱半根，大蒜4瓣，姜少许

调料

食用油5毫升，白糖10克，料酒适量，豆瓣酱100克

做法

1. 洗净的大葱取葱白切丝；去皮的姜、大蒜切末；五花肉切丁；黄瓜、胡萝卜切细丝。

2. 锅中沸水烧开，放入洗净的豆芽，焯熟，沥干，备用。

3. 锅中注油烧热，放入五花肉丁，倒入料酒，煸炒至肉丁变色、出一点儿油。

4. 捞出，在煸出的油里加姜末、蒜末炒香。

5. 倒入豆瓣酱翻炒，让油和酱慢慢融合炒香，放入炒好的五花肉丁，翻炒匀。

6. 锅里加水，改中小火，放入白糖，煮至酱汁浓稠。

7. 盘中盛上熟笔管面，淋上煮好的酱汁，最后放上豆芽、葱白丝、胡萝卜丝、黄瓜丝即可。

Tips

熬煮酱汁时要掌握好时间，以免意面煮糊。

NO.**120**

诱惑指数：★★★

份量／1人份

葱烧宽扁面

材料

熟宽扁面100克，大蒜1瓣，红辣椒半个，大葱1根，清汤50毫升

调料

橄榄油5毫升

Tips

清汤可用高汤代替，口感会更加浓郁。

做法

1. 洗净的大葱切下葱白，纵向切半，切小段，葱叶切小段；大蒜去皮切末；红辣椒去籽。

2. 锅中注入橄榄油烧热，放入大葱炒香。

3. 放入大蒜末、红辣椒，小火炒至蒜末微黄，倒入清汤，煮2分钟。

4. 放入熟宽扁面，拌匀至汤汁收稠即可。

诱惑指数：★★★★★

份量／1人份

培根杂蔬意面

扫一扫看视频

材 料

熟长意面60克，鸡蛋、圣女果各2个，西蓝花、玉米粒、培根各30克，蟹味菇、口蘑各20克，牛奶20毫升，芝士粉适量

调 料

橄榄油5毫升，盐2克，黑胡椒粉少许

做 法

1. 洗净的西蓝花切小朵；培根、口蘑切片；蟹味菇切除根部。

2. 水烧开，放入蟹味菇、口蘑、西蓝花焯熟，捞出沥干。

3. 锅中注入橄榄油烧热，放入培根炒香，加西蓝花、蟹味菇、口蘑、玉米粒翻炒，放入盐、黑胡椒粉调味。

4. 鸡蛋打入碗中搅散，加牛奶、芝士粉、熟长意面和炒好的蔬菜、培根，拌匀，使蛋液均匀裹在意面和蔬菜上。

5. 锅中注入橄榄油烧热，放入拌好的蛋液，小火焖煮至蛋液凝固即可。

6. 盛出，放在铺有保鲜膜的砧板上，均匀切开，装盘，摆上洗净的圣女果装饰即可。

份量／1人份

五彩蔬菜汤面

种类丰富的蔬菜使这道汤面吃起来格外清新，鲜美的汤汁渗入蝴蝶面中，给人以原汁原味的口感，让人回味无穷。

材料

熟蝴蝶面100克，西葫芦、胡萝卜、茄子、土豆、西蓝花各30克，黄椒、红椒、蒜末各20克

调料

橄榄油5毫升，黑胡椒粉适量，盐2克

做 法

1. 洗净的西葫芦、茄子、黄椒、红椒切丁；胡萝卜、土豆去皮切丁；西蓝花切小朵，备用。

2. 锅中注入橄榄油烧热，放入蒜末爆香。

3. 放入西葫芦、胡萝卜、土豆、茄子，炒匀。

4. 加入适量水，煮至其变软。

5. 放入黄椒、红椒、西蓝花，略煮片刻，加入熟蝴蝶面，加盐调味。

6. 装碗，撒上黑胡椒粉即可。

Tips

土豆泡水去除淀粉，口感更爽脆。

NO.**123**

诱惑指数：★ ★ ★

份量／1人份

西班牙冷汤意面

扫一扫看视频

材料

熟笔管面100克，杏仁片10克，乡村面包80克，蒜蓉、红提各20克

调料

橄榄油5毫升，盐2克，苹果醋90毫升

做法

1. 洗净的红提对半切开；乡村面包撕碎，用水浸泡10分钟。

2. 将杏仁片放入铺了锡纸的烤盘上，以上下火180℃烤2分钟至表面微黄。

3. 将蒜蓉、面包碎、浸泡面包的水、盐、苹果醋、橄榄油放入搅拌机，搅打2分钟。

4. 将打好的汤汁装碗，放入冰箱冷藏4小时。

5. 熟笔管面装盘，淋上冷汤，稍搅拌，点缀上红提和杏仁片即可。